人怎样变成巨人

КАК ЧЕЛОВЕК СТАЛ ВЕЛИКАНОМ

第二部

Илья Яковлевич Маршак
& Е. Сегал

[俄] 伊林 谢加尔 ——— 著

王汶 ——— 译

北京联合出版公司
Beijing United Publishing Co.,Ltd.

目　录

第二部

第二部

第一章

人在世界上旅行

五千年前，人所居住的世界真是狭窄极了。

那个时候，埃及人环视他们的周围，只看见右边和左边是利比亚山脉的石头墙壁和阿拉伯沙漠。中间流着尼罗河。前面是黑魆魆的可怕深渊。后面是险滩和急流——那是地狱，尼罗河水就是从那里升到地面上来的。在这一切的上面安着浅蓝色的天穹，好像是支在山岳的墙壁上似的。

埃及人以为，这间狭窄的屋子里就装着整个世界。

埃及人把自己的河称作"河"，把自己称作"人"，就仿佛世界上再没有第二条河，也没有别的人了。他们甚至于认为他们最近的邻居——贝都因人[1]也不是人，而是魔鬼阿波比的儿子。他们以为别的地方的人都不是人。他们把俘虏杀死，战士们把砍下来的敌人的手带给首领，领

---

[1] 贝都因人指在阿拉伯半岛和北非沙漠地区从事游牧的阿拉伯人。"贝都因"在阿拉伯语里意思是"住帐幕的游牧民"。

取奖赏。

黑色被认为是好颜色，因为
埃及土地的颜色是黑的。红色被
认为是坏颜色，因为在那红色的
土地——沙漠里居住着别的种族
的人。

世界的边缘简直近得很。但
是埃及人不敢走到它的跟前去。
大海在他们面前闪耀着蓝色，像
一扇进入这个世界的敞开着的大
门。但是他们却认为，海也是无法逾越的墙壁。

祭司们说，海水里的盐是邪恶的海神嘴里吐出来的沫子，把它放在桌上是有罪的。

埃及人好多世纪没有离开他们的狭窄的房子。

但是光阴飞逝。带来礼物的尼罗河送给人们的粮食越来越多了。它并不是平白
地带来这份"礼物"的。人们曾经出过力。他们掘沟渠，筑堤坝。他们把尼罗河的
水引到田里去，贮存起来防备旱灾。

整个公社[1]的人在齐腰深的水里干活。但是人手仍然不够。如今，在打仗的时
候再跟从前那样，杀死俘虏和砍掉他们的手是很不上算的事了。于是，给俘虏留下
手，好让俘虏用手干活。

瞧，这些俘虏拖着沉重的步子，跟在埃及军队后面走着。他们被木棍赶着走，
他们的手被捆在一起——胳膊肘连着胳膊肘。这都是别国人，是"魔鬼的儿子"。

那时候还没有"奴隶"这个词儿。埃及人用旧的词儿来表明以前没有过的新事
物。他们把俘虏称作"活的被打死的人"。

这个使我们看着奇怪的结合词儿越来越经常在庙宇和陵墓的墙壁上被看到了。
"活的被打死的人"掘沟渠，筑提坝。

埃及人的生活逐渐地改变着。奴隶制度代替了原始公社制度。

---

[1] 这里的公社指原始的氏族公社或农村公社。

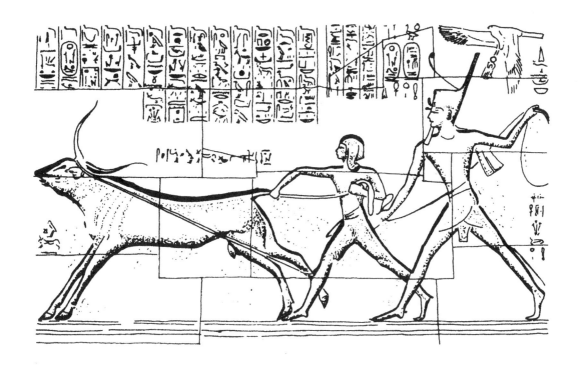

那从前曾经是所有的人共同的劳动，在千百个人之间分散开来。

陵墓的墙壁上描绘着正在干活的农夫和手艺匠。陶工盘腿坐着，在用手旋转制陶器的旋盘。木工在用手锯锯着木板。鞋匠坐在一张矮板凳上编草鞋。锻冶匠在给熔矿炉鼓风，一会儿用这只脚，一会儿用那只脚踏着风箱。农夫用双绳的鞭子赶着犍牛，跟在犁后面走着。

而哪里有分工，哪里就有交易。描绘在陵墓和庙宇的墙壁上的人们不仅在干活，而且还在彼此交换着自己的产品。跪在自己筐前的渔夫在用鱼向锻冶匠换一束钓鱼钩。农夫在用果子换一双草鞋。捕鸟的人在用一只装着鸟的笼子换取做得很精致的珠子。

从前，在古时候，一切都是共同的，人们在田里共同干活，而如今，富人、贵族的田

地多，穷人的田地少了。富人自己不耕种自己的田，他有奴隶。在耕耘和收割的时候，自由的农夫也去替他干活。甚至他死了之后，他们还送礼物到他的坟墓里去。

墙上描绘着一长列农夫和农妇，他们赶着羔羊去做祭品，他们的头上顶了装着果子的筐子和盛着酒的壶去上供。

埃及人居住的世界还狭窄得很。但是一个世纪又一个世纪，他们越来越经常地走出自己的家门了。战神维普阿特——开路的先锋——带领着他们。埃及人需要奴隶，而奴隶只有打仗的时候才能获得。他们需要建筑房子用的雪松，需要制造斧子用的铜，需要装饰宫殿、庙宇和陵墓用的黄金和象牙。

埃及人越来越经常地跟别的地方的人相遇了。

埃及人开始明白，别的地方的人也是人。但是在这时候，离他们承认别的地方的人是跟他们一样的人，却还早着哩。

埃及人说，别的地方的人是可怜的、卑贱的人。太阳神拉神[1]厌恶他们。太阳放光不是为了别的地方的人，而是为了埃及人。为了占有别的地方的人的财产，打死他们也算不得罪过。

---

[1] 拉神是古埃及的太阳神，在埃及神话中，拉神是宇宙、人和神的创造者。

那些用剑得不到的东西，埃及人就用粮食、工具和装饰品去向邻居交换。

在埃及的南方边境——象岛上，埃及人和他们的邻居努比亚[1]人——猎象的黑人常常见面。埃及人在地上摆出铜刀、珠子和手镯，努比亚人却送来象牙和金沙。

他们讨价还价。

埃及人把发生这些事情的村落叫作"谢维涅"，就是价钱的意思。

而住在北方的别的邻居却把自己的货物运到埃及来。腓尼基人的船舶越来越经常地来到埃及的海岸。水手们把船拖

---

[1] 努比亚是东非古国，相当于今苏丹境内的尼罗河地带。

上沙滩，用缆索牢牢地系在石头
上，就着手搬卸圆木头和铜矿石。

随着贸易同时进行的是地理研
究。岛屿、山岳和盆地得到了名
称。根据这些名称，可以立刻说
出，这地方的哪一种出产最富饶。

腓尼基的雪松盆地盛产雪松。
从铜岛——塞浦路斯[1]岛运出铜。

在孔雀石半岛——西奈半岛上开采绿色的铜矿石——孔雀石。银子是从辽远的银山
采运来的，银山我们现在称作托罗斯山[2]。

从前人认为，没有比沙粒再小的东西，没有比高山再大的东西。直到如今，人
们形容极大的东西还说它"大如高山"，形容极小的东西说它"小如沙粒"。

但是人把自己世界的边界逐渐地扩展了。他爬到山顶上去，惊异地发现山顶并
不连着天穹。他磨琢石头的时候，用心研究着磨石所磨琢着的极微小的凹凸处。

他越来越深入到肉眼分辨不出的最微小的物质的世界里。他像个瞎子似的摸索
着，钻进小世界的幽深处，探寻着走向金属的道路。在"铜屋"——锻冶铺里，聪明

---

[1] 塞浦路斯 Cyprus 一名源自拉丁词 cyprium，是铜的意思。
[2] 托罗斯山在小亚细亚南部，今土耳其境内。

的锻冶匠把火请去给他帮忙。火砸断了把原子——铜的最微小的粒子——锁在矿石内部的锁链，于是铜就从牢狱里走了出来，变得颜色鲜明、声音响亮和闪闪发光。

人打开了矿石块，就像打开一个装宝贝的小盒子，为了在物质的小世界里找到走进大世界的门上的钥匙：人从矿石里取得了金属，用金属制造斧子，用斧子建造船舶，用船舶征服海洋，去占领这个行星的大世界。

在阴暗的黎巴嫩山脚下的雪松盆地里，高大的百年老树一棵棵地倒下来。腓尼基的造船匠用锐利的铜斧砍削结实的树干。

他们砍出长的棱木，用墨斗绳把它排齐了之后，就把木板安装在它上面，像肋骨连在脊椎骨上一样。

他们把甲板装在上面，好把"肋骨"连接起来。他们把船尾雕刻成像鱼尾巴的样子，把船头雕刻成鸟头的样子。

瞧，这就是那奇妙的怪物，它将带人们到奇妙的世界里去。让它和鱼一样漂浮在水面上吧，让它像鸟儿在天空飞那样快地在浪涛间行驶吧。

但是腓尼基的造船匠那么仔细地安装在船头上的那个木头人究竟是什么东西呢？这是矮子普安姆——小小的锤子神。怎么能够不带它一同去做长途航行呢？你

知道正是它帮助人们在孔雀石半岛上黑暗的梅鲁赫矿山里开采矿石。正是它在锻冶铺里锻打出斧子。木工们在造船的时候，正是它在使劲地干活。就让这个从小世界里出来的矮子神保护着它的孩子——船，奔向辽阔的大世界吧。

世纪不停地逝去。离现代已经不是五千年，而只剩下四千年了。

腓尼基的船舶在地中海上乘风破浪地航行。它们越走越远，向海岛和沿岸各地移民，为海外贸易和殖民事业打下了基础。

腓尼基人一直走到了大洋的门口，看见了前面就是直布罗陀的岩石。他们把这些岩石叫作美尔卡斯的柱子。

美尔卡斯是他们的神。他们相信，美尔卡斯为他们的故城提尔[1]修了城墙。正是他在从海到洋的出口地方竖立了一些柱子，叫谁都不敢再往前去。

美尔卡斯仿佛在向水手们说：

站住！一步也不许向前走了。你已经走得离故乡的城墙这么远了。你至少要在这里，在世界的边缘上停住。

[1] 提尔也译作推罗，又名苏尔，是现在黎巴嫩的港口城市，古代腓尼基的重要城邦。

　　许多世纪，水手都不敢违反这个禁令。在直布罗陀的门口外面展开着的无边无际的大洋是可怕的。但是陌生地方的财富还是把勇敢的商人吸引了去。

　　重载的船舶一艘一艘地驶进了大洋。

　　每一举桨，被锁在板凳上的划手的锁链就当啷当啷地响起来，一滴滴的汗珠从烙着印的前额和剃光的头顶上流下来。奴隶的头都是剃光的，免得头发遮住烙印。

　　随着一次又一次的举桨，海洋就变得越来越辽阔。腓尼基的商人沿着那时还居住着野蛮人的西班牙和法兰西的海岸，一直航行到锡岛——不列颠，一直航行到琥珀海岸——波罗的海岸。

　　人们在地球上旅行，而地球同时也走着它自己的路程——绕着太阳转。

　　世纪不停地逝去。离现代已经不是四千年，而只剩下二十八个世纪了。

　　在小小的巴勒斯坦，国王所罗门在建造船舶，他要求他的邻居腓尼基国王希拉马派给他一些熟悉海洋的船员。犹太人和腓尼基人乘了这些船，经过红海，到遥远的国土法尔西斯——印度——去了。他们从那里运回装饰宫殿和庙宇用的黄金、白银、象牙、猴子和孔雀。

航海者把世界的围墙越扩越大了。

但是舵手还是靠近海岸走，他不敢航行到辽阔的大海里去。

在辽阔的大海里，人很容易迷失方向。大海和陆地是两种不同的世界。在黎巴嫩的森林里，旅客往往循着自己的足迹，或循着用斧子在雪松上砍出的痕迹走路。

但是在水上留不下痕迹。桨劈开了水，水却又重新合拢，好像什么事也没有发生过似的。

在阿拉伯的沙漠里，可以在以往的宿营地找到一堆灰烬。在商队经过的道路上，扔有打碎了的食器碎片和绵羊、骆驼的白骨。

连石头都能说话，能帮助人寻找道路。人们向路上的黑石头祈祷，就像向神明祈祷一样。

土地本身用成千的标志向人指示道路，人在地面上走的时候，仔细地瞧看地面，看它上面起伏的面貌。

但是在大海上，所有的浪涛都是一样的，都是瞬息万变的。在这里留不下宿营地的遗迹。海水把船舶的碎片和遇难水手的遗体永远埋葬在自己下面。在你脚下只有一片蓝色的大海，而在你头上只有一片蓝色的天空，你怎么能不迷失道路呢?!

往下看是没有用的。航海者于是领悟到，在这种情况下，不应该往下看，而应该往上看。

他把头仰向天空，在恒星间搜索自己的旅途的指路标。

中午，太阳给他指出了南方。夜里，小熊星座指给他向北去的路。难怪腓尼基人把小熊星座唤作"车子"。这星座是旅行者的星座。

像这样，人观察着太阳和恒星，逐渐熟悉自己的行星。他寻找着通往这个行星世界的钥匙，在无限大的恒星世界里找到了那些钥匙……

从前，海洋把许多民族隔离开了。现在，它把它们联合了起来。

别的民族的风俗习惯，别的民族的信仰，别的民族的技术，跟碗杯、织物和奴隶一起，一同渡过了海洋。文字从埃及传到腓尼基，从腓尼基又传到希腊，它一路变化着，从图画变成了字母。

在每一艘腓尼基的船上，都有一个能读能写的人，他专管写文书和记账。因为回到家里以后，他必须向船和货物的主人详细地报告账目。

　　乘着腓尼基的大帆船从亚洲到欧洲去的，不仅是巴勒斯坦的烈性酒和西顿[1]的紫色长袍，同时还有世界上的第一组字母。许多腓尼基的词儿变相地在欧洲语言里保留了下来，如 галера、вино、хитон、алфавит[2]。

　　许多民族消亡了，许多王国毁灭了，古代纸莎草卷在大火的烈焰里化作灰烬。但是字母并没有消失。它们经了火，却没有烧掉。时间好像没有权力管制它们。

　　人没有比这几十个符号再大的财富了。它们像一座轻便而坚固的桥梁，把民族跟民族、世纪跟世纪连接了起来。要是没有它们，谁能够记得住人的思想在那许多世纪里创造了些什么呢？对于那个掌握了字母的人，记忆力就没有限制了。只要找它们来帮忙，它们就会把那早已消失了的世界重新建立起来；我们就看见那早已没有了的事物，听见那早已沉默了的嘴里说出来的话。

　　字母从一个民族旅行到另一个民族，从一代旅行到下一代，把活的和死的、近

---

[1] 西顿又名赛达，是现在黎巴嫩的港口城市，古代腓尼基的重要城邦。

[2] 俄文 галера 是大帆船的意思，вино 是酒的意思，хитон 是长袍的意思，алфавит 是一组字母的意思。

的和远的汇集成一个永生的人类……

现在我们再回到腓尼基的水手那里去吧。

水手们航行到陌生的沿岸地区，先派出侦察的人去。他们需要探悉，这里居住着哪一种人："是未开化的野蛮人，还是敬神的人。"

常常有这样的事，主人用雨点般的矛和箭来欢迎海外来客。这是给客人上的一堂课。下一回，客人就小心得多了。他们把自己的货物堆在海滨沙滩上，点起一堆篝火，自己离开岸边，把船开到海上。

主人们看见了烟，小心翼翼地走到海滨，拿走了送给他们的礼物，自己再放一些礼物留给客人。人们就是这样，彼此像隐身人般相遇而不见面。

假使当地人已经认识那些商人了，商人靠岸的时候，情形就完全不同了。他们把船拖到沙滩上去，把自己的货物陈列在船尾上，像陈列在柜台上一样。妇女们围住船尾，首领的女儿也常常亲自和女伴们一同光临。

买卖很和平地进行着。但是有的时候，在最后一分钟，当所有的东西都卖完了，船也放到了水里去的时候，狡猾的商人会突然变成了强盗，女顾客变成了货物。

他们把妇女们捉住，送上船去。大家听到喊声，赶来时已经晚了。白色的船帆给顺风吹得鼓鼓的，划手们一齐使劲地划着桨。

船离去了，看去越来越小了。

母亲们一面痛哭，一面扯着自己的衣服。老妇人们就安慰她们说："看来这是神安排好的，即使是高贵的首领的女儿，都不得不尝到做奴隶的痛苦……"

人进入了一个他所不了解的新世界

船越走越远。

新的广大的世界在人们面前展开了，这个世界充满着玄妙和奇迹。

只要靠拢一处别的陌生的海岸，就会觉得像是置身在神话的境界里。

在这个新的世界里，人们还不大了解他们的眼睛所看见的和耳朵所听到的事物。

听不懂的别国的语言在他们听来就跟蝙蝠的尖叫或者鸟儿的啼声差不多。

高山在他们看来就像是擎天的柱子。

他们第一次看见大的猿猴的时候，以为那是多毛发的男人和女人。一走近这些多毛发的人们，这些人就乱抓乱咬。

海滨的草原发生火灾，旅行家们以为是流入海里去的宽阔的火河⋯⋯

为了进入新世界，人们自己也必须变成崭新的、另一个样子的人。

他掌握了马的四条快腿和坚忍的骆驼的背。这给他打开了通向草原和沙漠的大门。他获得了像鳍似的桨，于是就学会了在浪涛上行走。他深入到别国，看见了从来没有看见过的事物。但是他不仅应该看见没有看见过的事物，他还应该了解他所不了解的事物。而这是最难的一件事情。

因为人往往用自己的尺子，用父亲和祖父传给他的那把用惯了的旧尺子来测量。他看见了新的事物，就想法在它里面找出旧的事物来。假使他找不到这个旧的熟悉的事物，往往就不知所措，不再去了解他所看见的新事物了。

从前，埃及人以为他们的河是世界上唯一的河。这条河从南向北流，他们就以

为河不可能有别的样子了。当他们想写"北"的时候，他们画一只顺流而下的没有帆的小船。要写"南"，就画一只逆流而上的有帆的小船。

现在他们跑出了自己狭窄的房子。他们看见了别的江河，他们航行到幼发拉底河，于是发现，幼发拉底河的流向完全不像他们本土的河：不是从南向北流，而是从北向南流。

这使埃及人惊奇万分，因此他们决定把他们的新发现记下来，永远留传下去，用来教训后裔。奉了埃及法老[1]图特摩斯一世的命令，埃及人在国境标柱上刻着："倒转的幼发拉底的水是向后流的，是逆流而上的。"

埃及人到了他们住惯了的小天地的外边——大世界里，许多事物都使他们惊愕不已。

他们从习惯上知道，他们的田地是靠江河灌溉的。埃及很少下雨。要是尼罗河不泛滥，整个国土早就变成沙漠了。

但是他们到了别人的国土，才惊讶地知道，那里的田地不是由地上的尼罗河而是由天上的尼罗河灌溉的。他们给雨起了这样一个名字。在我们看来雨是最平常的

---

[1] 法老是埃及国王的尊号。

东西，但是他们却认为，这是自天而降的奇异的河。

埃及的国境标柱越移越远了。这些标柱上的题词赞美着埃及的法老们，"长里和宽里、西边和东边的土地都是属于他们的"。

埃及人所知道的世界的边界移得越远，他们就越明白，原来他们不是世界上唯一的甚至不是最好的人。

他们的使者们看见了巴比伦的高大城墙——城墙宽得可以让四匹马在上面并排跑过。他们在那里看见了高出地面的悬在柱子上的花园[1]。

在这些花园里，像悬挂在空中似的生长着高大的树木，池塘里有天鹅在游来游去。

使者们好奇地瞧着高耸在城市上空的多级的巴比伦的庙宇。埃及人自负博学，但是他们还是从巴比伦的祭司那里学来许多东西。

埃及人越来越习惯于尊重别国的人，尊重他们的风俗习惯和信仰了。

弄到后来，那些从前只娶他们的亲姊妹的埃及法老开始在海外的公主中间给自

---

[1] 指公元前六世纪新巴比伦王国国王尼布甲尼撒二世所造的空中花园，也称悬苑，是古代世界七大奇迹之一。

已挑选新娘了。有一座庙宇的墙上的题词叙述了赫梯[1]的女王怎样不顾坏天气和北国的大雪，出发到埃及去，为了做埃及法老的妻子。

埃及人看见天上的尼罗河灌溉田地觉得惊奇不已，这不是就在不久以前的事吗？而现在，他们已经知道，还有那样的地方，天不仅派雨，而且还派雪到地面上来。

---

[1] 赫梯是小亚细亚中部、里海南岸的一个古国。

　　人们看见新的事物，并且学习按照新的方式思想。而那时候，思想的意思就是信仰，在那个时候知识还跟宗教紧密地交织在一起。

　　从前，每一座城市都有它自己的神。这位作为保护者的神、作为祖宗的神只爱自己城里的人，并且帮助自己人征服别的人。

　　如今，把城市跟城市隔开、把部落跟部落隔开的那堵墙倒塌了。

"自己人"和"别的人"相遇,起初带着敌意,互相轻视和不信任,后来就越来越和平相处了。

他们已经不单是在战场上见面,在市场上,在码头上,在盛大的节日那天的庙宇前面也见面了。

说不同语言和信仰不同的神的人在人群中混杂在一起。他们惊奇地凝视别的地方的神的脸,在这些脸上,他们找出了熟悉的轮廓。从埃及的奥西里斯神[1]的脸上,腓尼基人认出了自己的阿多尼斯[2]——死去而又一再复活的大自然的神:

每年春天,在埃及都用纸莎草做一个球。这是被恶神塞特杀死的奥西里斯神的头颅。他们把神的头颅从海路送到腓尼基去。那里就用妇女的哭声来迎接它。阿多尼斯-奥西里斯又复活了,于是开始庆祝春天的节日——复活节,这个节日是各地人们共同的节日。

人们开始不仅信仰自己的神,而且还信仰别处的神了。巴比伦的王把女神伊什塔尔[3]的像送到埃及去。他给埃及法老写了一封信:

---

[1] 奥西里斯是古埃及的植物神、尼罗河水神,又是阴间的主宰神。据古埃及神话,奥西里斯原来是地上的王,教人农耕。后来被他的弟弟塞特杀害。他的妻子伊西丝、儿子荷拉斯觅得尸体,使他"复活",他后来做了阴间的王。

[2] 阿多尼斯在希腊神话里是爱神阿佛洛狄忒所恋的美少年,打猎的时候受伤死去,爱神异常悲痛。诸神深受感动,特准许他每年复活六个月,这时大地回春,草木欣欣向荣。

[3] 伊什塔尔是巴比伦神话里的万神的主,是宇宙间的生殖的女神。

万国的圣母尼尼微[1]的伊什塔尔这样说："我到埃及去，到我喜欢的地方去。"

又过了不久，人们就开始向宇宙的神、向保护所有地方的人们的神礼拜了。埃及法老埃赫那顿[2]给这个新神造了一座庙宇，而且在颂诗里赞美他道：

啊，永久的主，你的升起多么壮丽！你的光芒照亮了全人类。当你送出光芒的时候，所有的地方都狂喜欢呼。

从前有过一个时期，埃及人以为太阳只为了他们放光。但是世界在他们的面前敞开了，于是他们看见，太阳也照耀了那些住得极远的人：

你使远方国土的人也能生活。你把天上的尼罗河赐给他们。

埃及人从前认为只有他们才是真正的人，认为神憎恨别的地方的人。

但是他们渐渐地认识别的地方的人了。就在埃及，别的地方的人竟比自己人都多了。从异乡雇来的战士护送着埃及法老的战车。异乡来的客商从远方运来货物。

[1] 尼尼微是两河流域的北部古城，亚述帝国的首都，位于底格里斯河东岸。

[2] 埃赫那顿（？—前1358），古埃及第十八王朝的法老，原来叫阿蒙霍特普四世。他实行打击祭司和大贵族、加强中央集权的宗教改革，强制推行对唯一太阳神阿顿的崇拜，把自己的名字改成埃赫那顿，意思是阿顿的奉事者。

人们的语言不同，他们的肤色也不同……但是你赐给每人一块地方，并且送给他们需要的东西……

每一处的人在地面上都有他的一块地方，无论他说哪一种语言……

像这样，在埃赫那顿的时代——三千三百年以前——世界的围墙就移开到那样远，使他从尼罗河的岸边就可以看见别国了。在埃及庙宇的墙壁上，第一次出现了"人类"这个词儿。

但是并不是所有的人都跟埃赫那顿一样看得那样远。这个法老有许多仇人，他

严厉地迫害了有势力的和有名望的人，而接近别国人和"小人物"——那时候人们像这样称呼没有名望的人。他死后，政权又落到了祭司和大贵族的手里，他们宣布埃赫那顿是罪人。石匠把他的名字从陵墓和庙宇的墙壁上凿了去。

周围展开了广大无边的世界。但是守旧的人顽强地保护着埃及人还住在狭小的世界的时候所产生的老的墙壁和老的信仰。

不仅在埃及是这样。

后来，过了好多世纪以后，在希腊也曾经有过这种情形。

希腊的航海者在海上航行，并且发现了新的土地。

他们往北走到西徐亚[1]，往西走到了西西里和意大利。他们用船载去碗杯、织物和装饰品，带回粮食、酒和油。

从前，在每一个希腊的家庭里，妇女都自己纺织。每一个村落里都有自己的锻造刀剑的锻冶匠，自己烧制碗杯和描上简单花纹的陶工。

如今，一切都改变了，希腊城市里的生活变成另外一种样子了。如今是一个工匠烧制碗杯，另外一个工匠描花纹；一个锻冶匠锻造剑，另外一个锻冶匠锻造甲胄。不仅在工匠之间实行了分工，而且在城市和城市之间也有了分工。

米利都以毛织物出名，科林斯以甲胄出名，雅典以描花的花瓶出名。[2]

从前，每一个农夫都吃他自己种的粮食，喝他自己家里的葡萄酿成的酒，穿着用自己家里的羊身上的毛在自己家里织成的斗篷。而现在，米利都的织工简直不记得他的祖先是农夫了。

---

[1] 西徐亚王国，也作斯基泰王国，是黑海北岸的奴隶制国家。大约公元前七世纪，西徐亚人（或作斯基泰人）由东方迁到黑海北岸一带，组成部落联盟，公元前四世纪出现统一王国，公元前三世纪灭亡。

[2] 米利都在今小亚细亚的西海岸，科林斯在伯罗奔尼撒半岛东北部，雅典在中希腊的亚提加半岛，它们都是古希腊的奴隶制城邦。

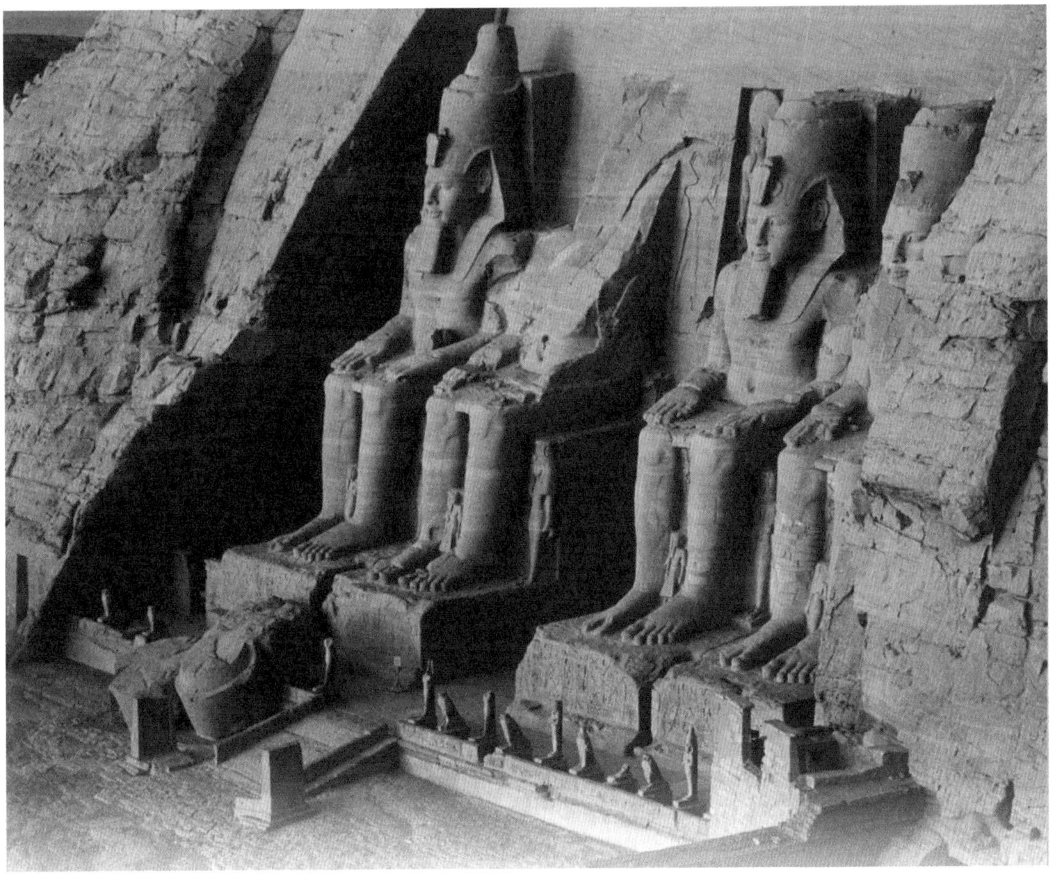

他何必要自己种粮食和侍弄葡萄藤呢？他把织物卖给商人，换取从海外运来的粮食和酒，要上算得多。

每天都有黑舷的船舶开出米利都港口。它们驶向很远的地方，到意大利，到西徐亚去。

在那别处的沿岸，已经有希腊的殖民地，希腊人和当地人在那里进行交易。

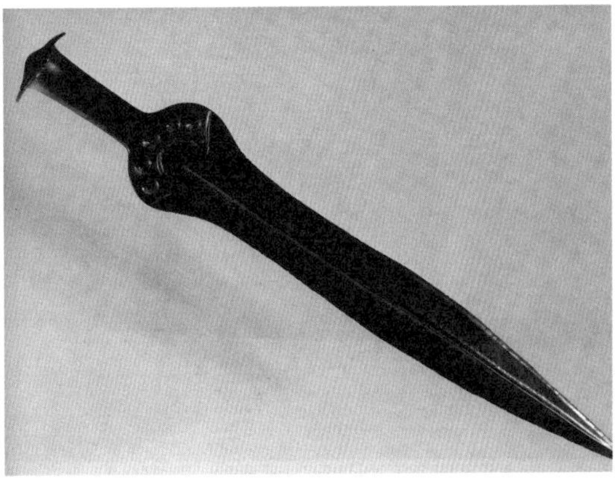

在黑海沿岸——在奥里维亚，在费奥多西亚——米利都的商人把描着红色花纹的花瓶和刺绣得很华丽的毛织物卖给西徐亚的贵族们。作为交换，希腊人把装着小麦的口袋装上自己的船。

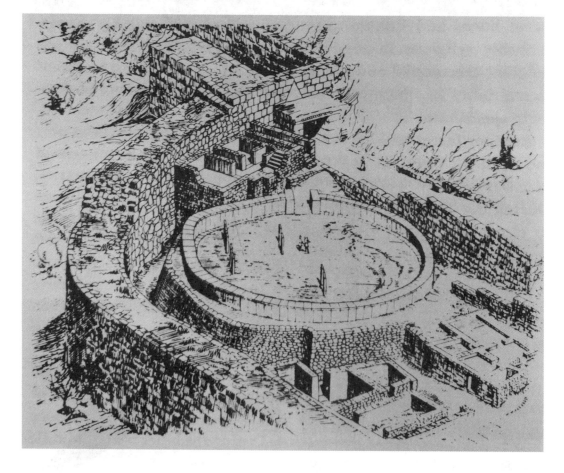

希腊水手们所知道的世界越来越宽广了。

但是老人们还是跟从前一样地给孩子们讲述关于住在别的奇妙国土上的怪物传说。

在墨西拿海峡沿岸已经建有希腊的城市，而希腊人还相信，有那种怪物——斯库拉和卡律布狄斯，它们在这窄狭的海峡里埋伏着等待水手们[1]。

世界扩大到了锡岛和琥珀海岸，到了西徐亚又到了印度。但是许多人还是像从前那样地想象，世界是跟奥德修斯[2]时代一样窄小。

在这小小的世界里，圆而平的大地像个盘子，被铜制的苍穹笼罩着。西方和东方有两扇门。每天早晨，朝霞把门打开，让那亮闪闪的驭者的四匹有翅膀的马奔向自由。[3]到晚上，在西方的某处，在大洋那边，打开了另一扇门，于是疲倦的马慢慢顺着天空斜坡走进夜的领域。

---

[1] 关于斯库拉和卡律布狄斯，在长篇叙事史诗《奥德赛》里曾经讲到奥德修斯在穿过这两个地方的海峡时差一点把船打破。在那史诗里，斯库拉和卡律布狄斯被写成两个女妖。

[2] 奥德修斯就是长篇叙事史诗《奥德赛》里的主人公。

[3] 据希腊神话，太阳神阿波罗每天驾着由四匹有翅膀的马拉着的战车横过天空。

28

离奥德修斯所统治的伊萨卡岛[1]不远的地方，有一座白色的莱夫卡斯[2]岩石。在那岩石后面，就是地下王国的入口了，那里的草地上生长着苍白色的长春花，死者的幽灵成群结队地在空中飞来飞去。

人们听了这些美丽的传说，就忘记了他们的眼前已经看见了的真正的世界。

这些人跨过了大海，移开了自己世界的围墙。但是进入了新的广大的世界之后，他们又重新遇见了障碍物，无形的但是非常坚强的墙壁，习惯见解和根深蒂固的观念的墙壁。

古代的神保卫着这堵墙壁。

只有科学才能把它破坏掉。

科学的第一句话

我们常常说到科学的最后一句话[3]。

究竟科学在什么时候说出了它的第一句话呢？

假使我们认为科学在我们所知道的第一篇科学论文问世的时候开始说话，那是公元前547年发生在希腊城市米利都的事情。这篇文章叫作《论自然》，作者是米利都的科学家阿那克西曼德[4]。

假使是这样的话，那么在1953年，我们就应该庆祝科学诞生的二千五百年纪

[1] 伊萨卡是希腊半岛西南部海岸外的一个小岛。

[2] 莱夫卡斯是希腊西面爱奥尼亚群岛中的一个岛。

[3] "科学的最后一句话"意思是科学上的最新成就。这里按字面直译，以跟"科学的第一句话"相对照。

[4] 阿那克西曼德（约前610—前546），古希腊米利都学派哲学家。

念日。

可是科学真的只存在了二十五个世纪吗？阿那克西曼德只有学生，而没有老师吗？不，我们知道，他有一个老师，就是米利都的商人、航海家和科学家泰勒斯[1]。

在公元前585年，米利都的居民观察了一次日食。在那以前，也曾经有过日食。每一次日食总是引起城里很大的骚动。但是这一次，使米利都居民惊愕的与其说是日食本身，不如说是因为事先有人向他们预言了日食。向他们预言日食的人是他们本国人泰勒斯。

但是泰勒斯也不是第一位科学家。他也有老师。根据古代传说，他曾经乘船到埃及去运盐，曾经在那里学习如何测量金字塔的高度。他的预言日食的本领可能是从巴比伦人那里学来的。

科学不是在米利都产生的，它是从别的地方传到那里去的。米利都建立在通向世界上四面八方的海陆交通的交叉路口上，这一点不是不起作用的。

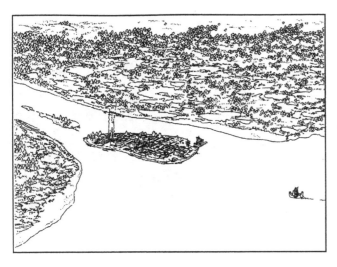

每天早晨，都有载着米利都的毛织物和花瓶的黑舷船舶开出海湾。有的船开向奥里维亚——到西徐亚人那里去，有的开向诺克拉蒂斯——到埃及人那里去，或者开向西巴里斯[2]——到意大利人那里去。

在平原上，经过葡萄园和橄榄林，经过有细毛羊在吃草

---

[1] 泰勒斯（约前624—前547），米利都学派的创始人。

[2] 西巴里斯是意大利南部的一个古城，以豪奢著称，公元前510年被毁。

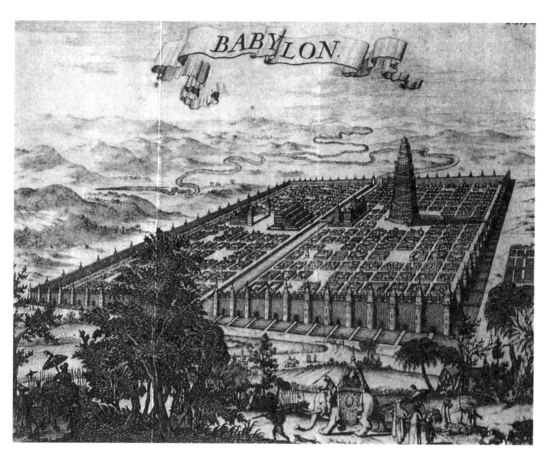

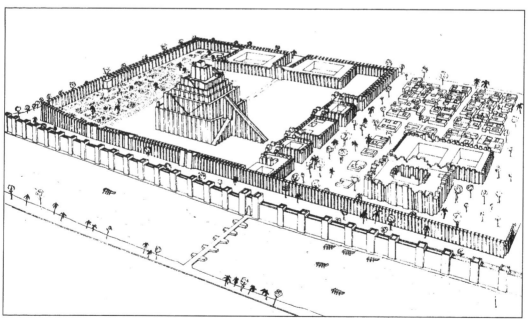

的牧场，商队不慌不忙地向东方走去——走向吕底亚[1]，走向波斯，走向巴比伦。

在那边，在巴比伦，每一座庙宇好像都被指定做观察和思考的工作。

甚至于看了庙宇的外表都可以使人联想到宇宙、行星和恒星。这是象征山的房子，象征宇宙的房子。那一座一层叠在一层上的七级宝塔仿佛是通到天上去的巨大梯子的踏级。七级是按照七曜[2]的数目设定的。庙脚下的大理石贮水池象征深渊，按照巴比伦人的信仰，世界是从那里产生出来的。周围是一排排圆柱，圆柱和高墙的后面是实验室、学校、图书馆和档案处。

在学校里，在一间窄小的屋子里，学生们坐在老师的脚旁边。要是天气好的话，他们就带着他们用黏土制的本子和书到庙宇的院子里去。

旁边的图书馆里高高地叠着大堆的这种黏土板的书，里面写着几千年来所收集的学问。有一块黏土板一开头几个词是"爱努马·爱利什"，意思是"从前，在我们头顶上"，它叙述"从前，在我们头顶上并不叫天空，脚底下也并不叫大地的时候"。

再往下，在七块板上讲述世界起源的故事。

别的黏土制的书里讲到关于"放牧着的绵羊"——恒星和"七只公绵羊"——行星[3]的事情，关于太阳所经过的黄道星座[4]的事情，关于年、月、日的计算法，关于天体的大小，关于日食的预报等。这里有各种各样的参考书和国家、山川、海峡、庙宇的名录。这里有字典、文选和文法举例汇编等。这里也有医药指南和最早的地

---

[1] 吕底亚是公元前十四世纪到公元前六世纪小亚细亚中西部的一个奴隶制国家，在现在的土耳其境内。

[2] 七曜指日、月、水、金、火、木、土。

[3] 这里所谓的行星实际上包括日、月，因为古代人认为日、月和五颗行星都在天球恒星的背景上移动。

[4] 黄道是地球上的人看太阳一年里面在恒星之间所走的路径。黄道带上有十二个星座：白羊、金牛、双子、巨蟹、狮子、室女、天秤、天蝎、人马、摩羯、宝瓶、双鱼。春分太阳移到双鱼座，夏至移到双子座，秋分移到室女座，冬至移到人马座。

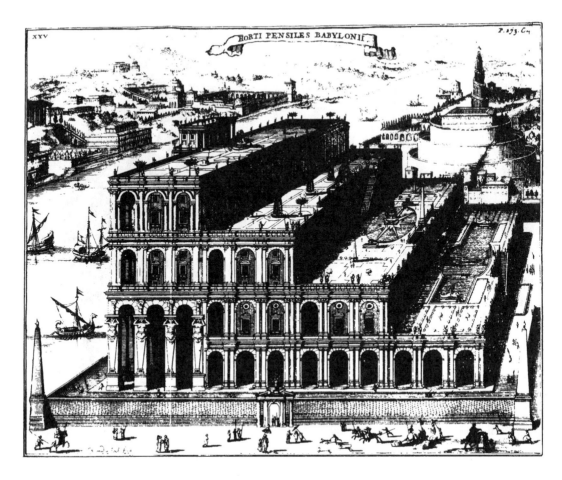

图。在这些地图上，大地是画成圆形的。在这个圆的外面环绕着"苦河"——这指的是海洋。在大地的中间，从山上流下来幼发拉底河。幼发拉底河的右边和左边画着全世界的国家，一个个都画成小的圆圈。

在图书馆里还可以找到动物学的书籍。在这些书里，所有的动物被分成等级和种类。鸟类属于一级，鱼类属于另一级，四条腿的动物属于第三级。四条腿的动物又被分成狗、驴、牛。在这个分类表里，狮子被分在狗的一类，马被分在驴的一类。这显然可见，巴比伦人认识狮子和马是在认识狗和驴之后。

图书馆里的数学书也很多。巴比伦人不仅知道数学的四则运算，他们还会乘方、开方和解二次方程。他们知道怎样计算圆周长和棱锥的体积。他们把圆周长除以直径，于是就得出圆周率 π 的值，后来数学家们常常要和它打交道。不过他们把这个数字算得不精确：π 等于 3。

但是即使在我们的计算中，通常也只满足于这个数目的近似值：π 等于 3.14。

直到如今，我们还和巴比伦人一样，把圆分成三百六十度，把一年分成十二个月。我们的一星期有七天，因为巴比伦人知道有七颗行星，他们把月亮和太阳也当作行星。

随后，法国人把星期一叫作月曜日，星期二叫作火曜日，星期三叫作水曜日，星期四叫作木曜日，星期五叫作金曜日。英国人到现在也还把星期六叫作土曜日。至于德国人之所以把星期日叫作日曜日，也只因为古代的闪米特人[1]——巴比伦人是这样叫星期日的。

我们看钟表面的时候，看见数字和分格——十二个钟头和六十分钟。巴比伦人也就是这样分一天和一小时的……

我们从米利都顺着科学的足迹走去，足迹把我们引到了巴比伦的庙宇。

但是足迹的链子并没有在庙宇的院子里切断。它继续向前引去，引向幼发拉底河旁的灌溉沟渠，引向堤坝，引向世界上最早的高架水道，引向巴比伦商人的商行，引向王宫的入口处。

---

[1] 闪米特人，旧译"闪族"，指西亚和北非说闪语的人。古代闪米特人包括巴比伦人、亚述人、希伯来人、腓尼基人等。

祭司们在庙宇里研究科学。他们为什么要研究它呢？因为他们需要它。

孩子们在学校里被强迫背诵赞美歌词、咒语和关于神的传说。但是顺便也给他们讲怎样测量地块的面积，怎样书写文牍，怎样记账，怎样看星来预言河水的汛期。

学生们长大了，他们成了祭司。但是"祭司"和"文书"这两个词，在黏土板书上是以同一个楔形文字来表示的。

祭司不仅为神服务，也为国王服务。他们在国王的公廨、在法庭和档案处担任文书。

巴比伦人不把科学和宗教分开。在他们看来，这是同一件事情。巴比伦的每一个医生都是巫师，每一个天文学家都是占星术士。

但是几千年过去了。现在很少有人知道巴比伦的宗教，而巴比伦的科学直到如今还保留在日历里、钟表上和每一本数学教科书里。

我们在谈巴比伦的科学，但是它多么不像我们的科学啊！它比起我们现在的科学来真是十分贫乏和狭隘。但是差别还不只是这些。

让我们再把黏土板拿在手里，仔细地看一看。

这些扁平的砖块一点也不像我们所看惯的那种书。但是即使我们学会了读它，我们也不能立刻明白那里面所说的意思。几千年前的人想事情和我们现在完全不一样，在这里仅仅学会把文字从一种语言翻译成另外一种语言是不够的。在这里还得从一种思想方式转换成另外一种思想方式。

"爱努马·爱利什……""从前，在我们头顶上并不叫天空，脚底下也并不叫大地的时候，万物的原始阿普苏、造物主姆姆和生下他的提阿马特把他们的水混合起来。没有田地，看不到岛屿，神也一个都没有产生，谁都没有名字，命运都还没有决定。这时候，创造出了诸神……"

再往下我们读到，阿普苏神和他的妻子提阿马特怎样跟他们的儿子——马尔都克神开始斗争。马尔都克杀死了阿普苏，把提阿马特像贝壳似的撕作两半，用一半造出了天，用另一半造出了地。

写这些东西的人们还不会像我们这样思想。他们把无底深渊——宇宙空间想象作诸神之父阿普苏。他们按照自己的信仰，认为世界是由水的深渊产生的，他们不是简单地把它叫作水。在他们看来，她是母亲提阿马特。

他们从来不问：这一切是怎样和为什么产生的？他们只提出了另外一些问题：这一切是从什么产生的？从什么样的父亲和什么样的母亲产生的？

在几千年间，人们被亲缘关系的绳索紧紧地系在一起，所以他们一直以为，世界上所有的东西都应该像父母子女那样，也有亲缘的关系。

就是我们自己，不是有时候也按旧习惯提到土地妈妈吗？

这里是另外一块板——讲到日食。

假使在尼桑神的那个月[1]的一日那一天，太阳暗淡了，阿卡得[2]的国王就将死亡。假使在一日那一天，它暗淡了，但是在日落的时候光又转亮，

[1] 尼桑神所主宰的月指犹太寺历的第一月，犹太民历的第七月。

[2] 阿卡得王国是两河流域的奴隶制国家，公元前二十四世纪中叶建立，公元前 2200 年灭亡。

而且在同一月里将有月食，那么王将死在这一年里。假使在十一日那一天发生日食——大批的野蛮人将把国土洗劫一空，国家将灭亡，人将吃人。假使发生在塔木兹神的那个月[1]的九日那一天，那么伊什塔尔神将把神的恩惠降到大地上来，将把真理降到大地上来……

这些人已经知道，在一次日食、月食到下一次日食、月食之间，将经过几年、几月、几日。但是在他们看来，日食、月食不是天空的现象，他们认为是预示祸福的天上的征兆。

巴比伦人积累了许多世纪的观察经验。

他们的档案处和图书馆都被黏土的参考书籍和黏土板堆满了。这里有许多知识，但是这里的知识还没有跟迷信分开。

这些古老的书里写满了咒语和驱邪符。在把混合了莨菪的树脂放在牙缝里之前，必须先念一篇很长的咒语，讲神怎样创造了天，天创造了地，地创造了河，河创造

---

[1] 塔木兹是巴比伦神话里的农神，他所主宰的月指犹太寺历的第四月，犹太民历的第十月。

了渠，渠创造了淤泥，淤泥创造了虫子，虫子钻进了牙缝。咒语的结尾是向虫子说："让埃阿神用他的手把你打死吧。"

这样，我们探寻科学的根源，已经到达了这样的时期，那时候科学跟宗教、巫术还紧密交织在一起。

假使我们不从米利都向东行，不到巴比伦去，而是向南走到埃及去的话，也会发现同样的事情。

在那里，孩子们在学校里也把测量田地的方法和文牍的范本抄在宗教赞美诗的旁边。

在那里，也是祭司就是学者，学者就是祭司。

祭司从石头台阶走到尼罗河边，探视尼罗河的水位，然后在庙宇的墙上画一道线记下水位的高度。

祭司在白天用太阳钟[1]判断时间，夜里却要靠看星判断时间。

两个祭司面对面地坐在平的屋顶上。他们一动也不动，直挺挺地坐在为了做这工作而指定的地方。为了不至于偶然向前倾，或者向后仰，他们用铅锤检查着自己。他们每个人是观察者，同时也是仪器。仪器就必须是精确的。

---

[1] 太阳钟就是日晷。

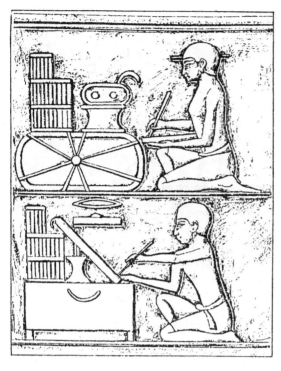

　　祭司一动不动地坐在那个地方，瞧看天狼星或别的星怎样慢慢地走近坐在对面的那个祭司的肩上。这会儿那颗星刚好悬在肩头上，这会儿它碰着耳朵了。现在我们只要查一查表格，就可以说出是几点钟了。

　　埃及的祭司在测定时间方面是精巧的能手，他们已经有了水钟[1]了。这种钟，是由容器口流出多少水来判定时间的。埃及的历法和我们的历法区别不大：一年十二个月，一个月三十天，到年底再加上五天——不足的五天。这就是说，一年总共有三百六十五天。

　　但是埃及祭司为什么要这样细心地留意时间呢？

　　仅仅是为了判定举行宗教仪式的时间、节日和举行庆祝游行的日子吗？

　　不是的，他们需要精确地预报尼罗河的汛期。

　　在这里，科学的成长和发展也是因为人类的生活和劳动需要它。

　　当我们解代数题的时候，常常用字母 x 来代表未知数。

　　埃及祭司写"堆"来代替代数符号 x，这就是数学在地上的起源而不是在天上

---

[1] 水钟就是滴漏。

的起源。

　　在最早的算题中，x 是一堆谷粒：测量了谷粒堆的高和底边之后，就能算出堆里共有多少谷粒。

　　后来，他们就把一切的未知数都叫作"堆"了。

当埃及人描写天和地的时候，他们把它们画成神的样子：大地的神躺在下面，站在他上空的是空气的神，用两手高举着天的女神。在天的女神身旁，闪烁着星星。

在这里没有法子立刻分辨出来，宗教在哪里结束，科学在哪里开始。

我们也可以从米利都走第三条路线：不向东到巴比伦去，也不向南到埃及去，而是向西，走到米利都的居民从那里搬来的老家去。

他们从自己的老家希腊带走了些什么呢？

他们从那里把语言、信仰和风俗习惯都带走了。

在米利都跟在希腊信仰的是同样的神，唱的是同样的歌，据传说，这些歌都是古代歌手荷马[1]所编的。

读了这些歌，我们又重新进入了这样的时期，那时候宗教、科学和诗歌还没有来得及从共同的主干分成三枝。

《伊利亚特》和《奥德赛》讲给我们听，希腊人信仰什么，他们知道什么，会做些什么事。

在荷马的诗歌里，工艺和宗教难解难分地交织在一起。他讲到制造武器的作坊，

---

[1] 荷马（约前9世纪—前8世纪），古希腊诗人，到处行吟的盲歌手，生于小亚细亚。相传著名史诗《伊利亚特》和《奥德赛》是他所作。关于荷马是不是确有其人，他的生存年代、出生地点以及两部史诗的形成问题，争论很多。

讲到壮健的锻冶匠怎样用重锤给阿喀琉斯[1]锻造盾牌。可是这个锻冶匠不是寻常人，他是赫菲斯托斯神[2]。

在《奥德赛》里，可以找出那个时期水手们的全套科学。荷马极精确地描写大风暴，根据他的故事，可以编制出一幅天气图，可以判断出是什么样的气旋、什么样的风刮散了奥德修斯的船舶。

但是荷马的每一种风都不是普通的风，而是神。

[1] 阿喀琉斯是希腊神话里的英雄。荷马史诗《伊利亚特》描写他在特洛伊战争中英勇无敌，击毙特洛伊主将赫克托耳的故事。

[2] 赫菲斯托斯是希腊神话里的火神，能制作各种武器和金属用品。

那么赫西俄德[1]的诗怎样呢？

这个农夫歌手住在山峦重叠的彼俄提亚[2]地区一个叫作阿克拉的小村庄里。他唱他的歌不是在国王和贵族们的筵席上，而是在他自己的故乡，在村庄的晚会上。

根据传说，赫西俄德的故乡是缪斯神[3]的故乡。在这里，在附近，人们在赫立康山上举行他们的舞蹈会。这里的农夫不仅会用石头盖房子，而且还会用字句编诗歌。

在寒冷的冬日，没有别的事情可做的时候，阿克拉的居民就集合到暖和的阳光照耀的小丘上。赫西俄德没有学过七弦竖琴和三角竖琴。他把一根多节的木棍拿在手里，在地上敲着，用流畅的诗句叙述他所知道的和他所会的一切事情。

他讲到，应该在昴星团[4]在地平线上出现的时候着手收割，昴星团开始没入地

[1] 赫西俄德（约前8世纪），古希腊诗人，比荷马稍晚，代表作长诗《工作和时日》歌颂农业劳动，介绍不少农事知识。另有长诗《神谱》，叙述希腊诸神的世系和斗争。

[2] 彼俄提亚是古希腊东部的一个地区。

[3] 缪斯是希腊神话里管文艺和科学的女神。

[4] 昴星团俗称七姊妹星团，位于金牛座中。

平线的时候着手耕种。他讲到，最好在什么时候把黑舷的船舶放下水去，载着货物航行到海外。他劝告大家，冬天在船旁堆上石头，免得它被海浪冲走；把舵桨挂在炉上，好使它很好地干燥。

讲完这些话之后，他又立刻转变话题，开始讲神是怎样出现的，混沌的神怎样

生下了光和黑暗、地和天，怎样由于地和天的结合产生了巨人们、泰坦们[1]和赛克洛普斯[2]们。

他歌颂大自然的力量，但是大自然的力量都各有各的名字和神的容貌。

但是从这些古老的容貌上，也已经可以看出新的轮廓来。

在赫西俄德那里的神已经不及在荷马那里那样活泼生动了。他们还是和从前一样，各有各的名字：地、光、白昼、北风、衰老、忧虑、欺骗。但是已经很难相信这些是活的生物，而不只是力、现象和概念了。赫西俄德所有的神的容貌都是相同的。他讲到每一个神，总是说："有动人的纤足的女神。"显然，他对他们已经不大能一一区别了——这些在荷马的诗里还是活灵活现的神已经变得那样模糊难辨。神的形象越来越模糊，人也越来越清楚地看见了自然界。

人在学习按照新的方式来思想。当农夫们还在偏僻的彼俄提亚村庄里唱赫西俄德的诗歌的时候，在热闹的商埠城市的港口，已经听得见崭新的勇敢的言语，响起了新的歌声了。

---

[1] 泰坦是希腊神话里天神乌拉诺斯和地神盖亚所生的子女，共十二个，六男六女，也称泰坦巨神族。

[2] 赛克洛普斯是希腊神话里的独眼巨神，秉性残暴，住在西方的山洞里，也叫独眼巨人。

科学开始明白了它不是宗教，而是科学

现在我们重新回到米利都去——回到那热闹的人口稠密的交叉路口去。

在米利都，喧闹的声音从早到晚一刻不停。在港口，造船匠的锤子嗒嗒地敲着。在市场上，驴子拖着长声嘶鸣着。在系船的地方，装卸货物的工人用单调的哼声帮助自己的双手。

碰到赶集的日子，广场上响起了多么大的喧嚷声啊！有的时候，事情竟闹到打起架来。一面是阔商人、高利贷者和船主，另外一面是劳动的人们、工匠、水手和搬运工。这时候，身上洒了香水的花花公子，连他们精致的紫色斗篷和梳得整整齐齐的头发，都要遭殃。

让我们挤进人群去。这里人们说着各种各样的语言。在这里，各种方言、风俗习惯和信仰都彼此相遇和混合。

听，在喧哗和谈话声中间，响起了横笛声和高喊声。这是腓尼基的水手们到了这里之后，在赞美美尔卡斯神。他们在横笛声中跳舞，在地面上打滚。

在他们旁边，从辽远的爱琴海的岛上来的希腊人把他们的船拖上了沙滩，燃起火堆，预备祭那海神波塞冬[1]。

从前，人们一生都住在父亲的土地上，固执地遵守着父亲的信仰。但是海干涉了人，也干涉了神。当人在世界上旅行的时候，真是什么事情没听到，没看见啊！关于神的传说是多么互相矛盾啊！埃塞俄比亚人的神是黑皮肤、塌鼻梁的，色雷斯[2]人的神却是红头发、蓝眼睛的。为什么认为只有希腊人是对的，而埃塞俄比亚人和色雷

---

[1] 波塞冬是希腊神话里的海神，手执三尖叉，常以金鬃铜蹄的马驾车在海上巡行。

[2] 色雷斯在古代指巴尔干半岛东南部爱琴海到多瑙河之间的地区。

斯人是不对的呢？

米利都的居民是事业家，是商人和航海家。他们早已开始对叙述神和英雄的古老故事怀疑了。假使听信那些流浪歌手的话，那么，所有的贵族都是神的后代了。

假如真是这样的话，那么，在米利都，当商人和织工、水手和搬运工向贵族寻事的时候，

神为什么没有庇护他们的后裔呢？

米利都出生的赫卡特[1]漫游各地，他攀登高山，探视洞穴。他在青年时期就听说过，地下王国有两个入口处：一个在北边，在莱夫卡斯岩石的旁边；另外一个在南边，在特那利角。赫卡特在特那利角找到一个很深的洞穴，他就举着火把进到洞里面去了。他听说，有一只可怕的叫作克伯鲁斯[2]的三头狗看守着地府的大门。这只狗的尾巴是蛇。赫卡特不相信这个神话。他勇敢地深入到洞里去，在洞里弯弯曲曲的路上摸索，于是他的火把打破了古代的迷信。

他回到他的旅伴那里去，告诉他们，除了蛇和蝙蝠之外，什么也没有看见。

他说，可能有人在洞里碰上一条大蛇，在昏暗中把它当作没看见过的妖怪的尾巴了。

像这样，人不是用剑而是用疑问把神话里的妖怪打死了。

"希腊人的见解是很矛盾的，我觉得他们很滑稽。"——赫卡特开始用这样大胆的字句写他的书。

[1] 赫卡特（约前6世纪—前5世纪），古希腊的历史学家和旅行家。
[2] 克伯鲁斯是希腊神话里生有三头和蛇尾的恶狗，看守地府的大门，如果有阴魂企图逃出，就被攫住。

而且不只是一个赫卡特。当赫卡特还没有出世的时候，米利都就已经有人会按照新的方式来看、来想了。

这是最早的希腊学者泰勒斯和阿那克西曼德。

他们讲些什么呢？

假如我们能够把他们的著作放在面前，从头读到尾，那就最简单不过了。但是问题正是在于，这些著作已经只剩了很少片段的字句，此外什么也没有了。

　　所有古代科学的命运都是这样的。研究者从后来出现的著作里，费劲地搜寻着最早科学家的思想。这些思想好不容易被收留在别人的书籍里，而且这些别人的书籍往往是对它不怀好意的。

　　中世纪的僧侣有时候也在他们的神学论文里让出几行地方来给古代异教徒、哲学家。但是客人为了这个安身之处，要付出多大的代价啊！别人放他进去就是为了要好好地申斥他一顿。

　　最早的科学书籍的断片放在我们面前，就像毁坏了的建筑物的碎砖一样。我们费劲地把这些碎砖收集起来，拼凑在一起，想从这里推测出来这是一本什么样的书，建筑物里的柱子是怎样竖着的，它们支撑的是什么样的屋顶。许多东西已经完全泯灭了，许多事情已经只能凭推测了。

　　这些著作是写在纸莎草纸卷上的，纸莎草纸是一种很不结实的材料。而二十五个世纪又不是一个太短的时期，不过它仍旧可能保存下来。有许多埃及的纸卷都传到了现代，它们还比二十五个世纪古老得多呢。

　　究竟是什么东西在帮助时间做那破坏的工作呢？是人的手帮助了它。

　　最早的希腊科学家的著作把崭新的大胆的思想带进世界里来，每一行字都像是在对古老的信仰的挑战。而旧思想不经过斗争是不肯退却的，新思想的反对者往往会收买并且焚毁那些妨害他们的书籍。

　　现在在我们面前放着几页书，从那里面可以知道第一位希腊科学家的事情，虽然也只是一星半点。

　　我们读到，他的名字叫作泰勒斯，他大概是腓尼基人，人们认为他是古代七贤中的一位。

　　泰勒斯本人的声音并没有能流传到现在，但是我们清清楚楚地听到了那些跟他争辩的人的声音。跟这些一本正经的议论在一起的、传到现代的还有群众中的传说和逸闻。

　　跟科学同时，还传出了关于那些心不在焉的科学家的逸事。这种逸事中的第一件就是讲到泰勒斯的。人们不大明白泰勒斯为什么要观看星，但是他们当作笑话争相传告，说他有一天看星看得出了神，竟掉到井里去了，根据这件事，色雷斯的女奴训诫里也说："你想知道天上有什么东西，却没有看见你脚底下有什么东西。"

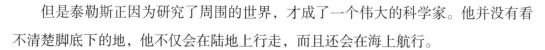

瞧，这一类的逸事有多大的年纪。

古时候，人们习惯地认为劳动是奴隶、手艺匠和农夫的事，买卖是商人的事，而科学家是不应该属于这一世界的人。

因此，人们把泰勒斯、德谟克利特[1]、阿基米德[2]和别的许多科学家都描写成心不在焉的脱离现实世界的人。

但是泰勒斯正因为研究了周围的世界，才成了一个伟大的科学家。他并没有看不清楚脚底下的地，他不仅会在陆地上行走，而且还会在海上航行。

他是一个商人、航海家、工程师。他曾经乘船到埃及去运盐，他曾经架过桥梁，开过运河。

有一次，他在春天里观察天，预言了橄榄的丰收。他把他所有的钱都交给油坊主人作为定钱。在橄榄收获的时候，果然是一个大丰年，一下子人们都抢着要找油坊来榨油。泰勒斯于是把他所租好的油坊租了出去，他要什么价钱人家就给他什么价钱。讲这件事情的人又附带地说："泰勒斯用这种方法赚了许多钱，这个事实可以证明哲学家如果愿意，要发财也不难，只是这不是哲学家所希望的目标。"

泰勒斯究竟发明了什么新事物呢？

让我们把人们所讲的关于他的事情都收集在一起。

据说，泰勒斯发现了四季，并且把一年分成了三百六十五天。

这个知识可能是从埃及得来的，他常常到埃及去。

---

[1] 德谟克利特（约前460—前370），古希腊哲学家，是原子说的创始人之一。

[2] 阿基米德（前287—前212），古希腊学者，生于叙拉古，曾发现杠杆定律、浮力原理等。

他指出了车子星——小熊星座。但是腓尼基的水手们在航海的时候早就已经用小熊星座来判定方向了。

他算出了太阳的直径等于周天的七百二十分之一。但是这一点巴比伦的祭司那时已经知道了，这可能是从巴比伦传到米利都来的。米利都正位于交叉路口。

泰勒斯预言了日食。但是这件事情巴比伦人也会做。

他在希腊人中头一个开始研究几何学。他找到了用测量影子来测算金字塔高度的方法。但是几何学是埃及人研究出来的，泰勒斯只是把它带回故乡罢了。

他宣称，大地像一个圆形的木筏漂浮在水面上。

水摇晃大地，并且从下面冲入它的核心，因此才会发生地震。但是巴比伦人也说过，大地是安放在水面上的。

他认为，水是万物的始基。但是巴比伦的祭司也认为，世界是由母亲提阿马特产生的，母亲提阿马特意思就是深渊。而埃及的祭司也说，最初的是长老努恩，就是指水这个元素。

泰勒斯究竟干了些什么新的事呢？

他把许多世纪以来在埃及、巴比伦和腓尼基积累起来的思想和知识收集起来，带回了祖国。

这已经不少了，但是他干的还不仅这些。

他不只是收集别人发现了的东西，他还会用新的方式观察事物，而这正是他的功绩。

在巴比伦祭司们认作深渊女神提阿马特的地方，他看见了一种物质——水。在他们看作无底深渊的神阿普苏的地方，他看见了空间。

当埃及人描写天和地的时候，他们把它们画作神的样子。

泰勒斯曾经向埃及的祭司学习，但他是这样的一个学生，他按照自己的意思来了解别人所教给他的事情。对于他，太阳不再是神了。他说，太阳是"土做的"，它和地球是同样的材料构成的。月亮也是土做的。当月亮经过太阳，和太阳成直线的时候，就发生日食。

这似乎只是很小的一个修正，好像只把"谁"改成了"什么"，他不问"世界是由谁产生的"，而提出了另外一个问题："世界是由什么产生的？"

但是就是这个修正也已经足够使科学走上自己的路，越来越远离宗教了。

泰勒斯说，世界是由水产生出来的，水是万物的始基。这个航海家在哪儿都看见水，甚至大地在他看来像是一只在浪涛上摇荡着的船。

为什么泰勒斯认为水是万物的始基呢？

他在自然界里寻找那构成万物的物质。除了水之外，他找不到更适当的物质。水可以顺应任何容器的形状，那它不是也可以顺应任何物体的形状吗？它是流动的。是不是为了这个，世界上才充满了运动呢？它使万物苏生，什么地方没有水，就没有生命。

水——万物都是由这种物质产生，又复归于这种物质的。世界上什么也不创造，什么也不消灭。物质不断地改变，但是它不能从虚无中创造出来，也不能消灭掉。

我们从科学的第一句话，惊奇地得知它的最后一句话。

我们现在也断言，物质不生也不灭。

不过，从这个关于物质的第一个学说到我们现代的科学毕竟还远得很。现在谁还会说物质就是水！在我们看来泰勒斯的议论是天真幼稚的，像小孩子最初的臆测一样。泰勒斯还有自相矛盾的地方：他以为"世界上住满了神、魔鬼和幽灵"，他以为磁石之所以能吸铁，是因为磁石有灵魂……

即使像泰勒斯这样的一个人，都不容易把他对于神的信仰完全摆脱掉。

但是泰勒斯的学说毕竟打击了那个古老的信仰，认为贵族的统治自古以来就是神圣不可侵犯的。

泰勒斯是来自一批新的人中间的，他来自这样的一批商人和航海家中间，他们没有神作为祖先，可是有做生意赚来的奴隶和钱。

这些新的人证明，贵族的后裔和船上的普通水手，出身都是相同的。

世界不是由神产生的，世界上的万物都由同一种物质产生。国家里所有的公民都是平等的，和大海里的水滴都是相同的一样。

科学着手移开围墙

科学不是一天一天地成长，而是一小时一小时地成长。隔不了多久，它已经觉得从前的小世界太狭溢了。旧的围墙使它窒息，于是它就用双手推着围墙，着手把围墙移开。

许多世纪以来，人们都以为大地被天空笼罩着，就像被翻转过来的碗盖着一样。

现在天的边缘开始离开地的边缘了。天离开了奥林匹斯山的雪峰，它越来越高了。大地悬在空中，脚下面也是天。那里再没有地方留给黑暗的地下王国了。

天的围墙向四外越退越远，不久就已经没有围墙了，周围是无限的空间。在这无限的空间里，在那无数的世界中间，大地自由自在地飞翔着。

在二十五个世纪以前出版的第一本科学书里，就是这样描述世界的。这本论自然的书是泰勒斯的朋友和学生阿那克西曼德写的。

学生比老师走得更远。泰勒斯以为大地像个平坦的圆木筏在大洋的浪涛上摇荡着，他的学生却把大地从它的支撑物上拉了下来，迫着它悬在无限的空间。

他还不知道大地是个圆球，他以为它像一段圆柱——大地的圆盘总是有厚度的。但是这个圆柱上不着天，下不着地。

无限的空间！

我们很难想象出无限的空间。直到如今我们还说天是穹隆，是苍穹，就好像天是我们头上的屋顶一样。

在两千五百年前，人们不仅是这样说，而且这样想，这样看。

要推翻所有的人所看到的事，要说：世界是无边的，无论在空间方面，还是在时间方面，它都是没有边界的。——这需要有多大的勇气啊！

宇宙没有始也没有终，我们现在就是这样想的。但是在阿那克西曼德的同乡人和同时代人回顾过去，他们觉得神创造世界的那个时期距离他们也不过是几个世纪。

即使像旅行家赫卡特都以为他和他的神的祖先之间只隔了十五代。

十五代，六个世纪，再往前去就是神话时期，那时候，永生的神还没有生下凡人孩子们。

阿那克西曼德也在回顾过去，但是在这里他也比别人看得远。他看见了那个时期，那时候不是从神，而是从动物产生出了最初的人。他已经推测到了，走的路不是从上而下——从神到人，而是从下而上——从动物到人。

"最初，"阿那克西曼德说，"人和鱼类相似。最初的动物是在水里产生的，它们的身上盖满了有刺的鳞。在它们走上陆地的时候，鳞片脱落了。动物的形状逐渐改变，它们的生活也逐渐改变。"

但是水和陆地是从哪儿来的，大地是怎样产生的呢？

阿那克西曼德聚精会神地凝视远方。于是在他的面前，时间的围墙越来越退向远古。地面上已经没有人了，连大地本身也没有了。

那时候有些什么呢？

那时候有"无限"——万物的根基。

这个无限的物质填塞无限的空间。它不是死的，不是不动的。它充满着运动。从它产生出世界。一个分解成两个：冷的从热的分离出来了，陆地从水分离出来了。世界外面包围着一个火球，它分裂成许多圆环，从这些圆环产生出天体。

世界就是这样产生的。当这一些世界产生的时候，另外一些在毁灭。

自然界的无穷的创造力永远不会停息。它不能停顿：自然界用来创造的那种东西是用不完的。

阿那克西曼德想起他老师泰勒斯的话："水是万物的始基。""不是的，"阿那克西曼德想，"水不可能是万物的始基。它不是无边的。连大洋都有岸，但是物质的大洋是没有岸的，时间的大洋也是无边无际的。"

阿那克西曼德环视周围，究竟有没有永存的东西呢？人们出生了又死亡了，王国建立了又灭亡了。万物产生了又毁灭了。只有一样是永存的：就是运动。它没有始也没有终。

就像这样，科学把空间的围墙和时间的围墙移开到无边无际。

但是这个最早的推测离完全确定还差得多么远啊！推测像闪光一样照亮了世界，但是一刹那还没有过去，闪光已经熄灭了。

即使是阿那克西曼德最得意的学生，想注视那无边无际的空间也都要头昏眼花。他们匆忙地重新建立了一些围墙，来代替那些毁坏了的围墙。

于是在地球的周围，那个坚硬的天穹——巨大的透明的球——又放起光来。

恒星像金钉一样地钉在这个天球上。天球绕着地球转，就像一顶圆帽子绕着头转一样。在地球和天之间，太阳、月亮和行星像秋天的树叶一样飞舞着。

这就是阿那克西曼德的学生——阿那克西米尼 [1] 所想象的宇宙。

这是倒退，虽然不是全部的倒退。地球又重新覆上了天空的外壳，但是这个外壳已经不再紧挨着地球的边缘，而被推移到老远了。

然而在另外一方面，阿那克西米尼却比他的老师走得远。

阿那克西曼德还不会区别恒星和行星，而阿那克西米尼已经猜测到，恒星和行

---

[1] 阿那克西米尼（约前 588—前 525），古希腊米利都学派哲学家。

星不是同样的东西：行星离地球比较近，它们在空中游荡，而恒星离得比较远。就因为恒星离得远，所以它们不能使人暖和。

阿那克西米尼凝视天空，他观看云是怎样形成的，太阳光不能够透过浓黑的云的时候，虹是怎样在天上出现的。他倾听比鸟飞还快的风的声音。他思索：那个产生万物的第一种物质，究竟是什么呢？

这不是水，水会把火浇熄的。

水有岸，而产生万物的东西应该是充满整个世界的。

这究竟是什么呢？

是无限？但是什么是无限呢？连阿那克西曼德都不能确定这个。

学生想比老师走得更远。他在自然界中寻找那可能充满整个世界，而且可能是万物的始基的物质。

这莫非是空气吗？

当空气凝缩的时候，就形成了云。假使它更加紧缩，就开始下雨。有的时候，雨点冻结成了冰，就落下冰雹来。假使云本身结冰了，那就下雪。

阿那克西米尼想，假使空气再凝缩一些，就可能变成土，变成石头。而从土里长出来树木，产生出动物。

阿那克西米尼这样得出一个结论，万物都是由空气形成的，万物又都复归于空气。由水升起雾，树木焚烧化作烟。

空气的微粒有时聚得近些，有时离得远些。这种微粒的运动产生了地球、太阳和恒星。这运动是永恒的，因此世界也永远不停地变化着。

科学家的眼光初次透进物质深处。

人们认为沙粒是最小的东西，这不是不久以前的事吗？现在阿那克西米尼猜测到，还有一种极小的、肉眼看不见的微粒。

又一堵墙壁倒塌了。在那后面，露出了小世界。

于是人又重新走入了小世界，为了在那里找寻开启宇宙的大世界的钥匙。他想用空气的极渺小的肉眼看不见的微粒的运动，来解释广大的世界的产生。尽管这个解释还不正确，但是从这里已经走上了通向原子学说的道路了。

第二章

唱新歌的老歌手

科学贪婪地瞧那展开在它面前的世界，它觉得周围的一切都是新的。瞧，太阳在早上升起，这并不是乘着战车在天空中奔驰的光辉灿烂的神，而是炎热的天体。瞧，这是虹，这并不是穿着彩色衣服的女神，而是在太阳光里变成了紫红色的云。

诸神曾经居住了许多世纪的天堂的轮廓像雾一样地逐渐消散了。在那里，有从前诸神曾经在宴会席前卧过的地方，有青春女神赫柏[1]向金碗里斟过芬芳美酒的地方，还有那矗立云霄的永久积雪的奥林匹斯山的石头山峰。歌手们还在歌颂着的妖怪和英雄，都逐渐走向了神话的国度。

青年们已经在嘲笑博学深思的赫西俄德，嘲笑他的冗长而枯燥的《神谱》。人们甚至对于荷马所说的关于穷人和富人的事情，也都开始不像从前那样地表示敬意了。这时候距离赫西俄德的时代已经有整整一个世纪了，至于荷马的诗歌，那编得还要

---

[1] 在希腊神话里，青春女神赫柏在奥林匹斯山侍候诸神，给他们斟酒。

早。从那时起，世界上的一切都改变了。

荷马曾经歌颂过领袖们——宙斯神[1]的后裔们——而把门第低微的人叫作卑贱的人。现在，门第低微的人，发了财的商人和工匠，到处都企图推翻贵族的势力。

新时代来临了，因此也需要新的诗歌……

歌手色诺芬尼[2]在希腊的大街小道上流浪。他很穷，他的全部财产是一架十一弦的三角竖琴，还有一个把他的家私背在背上的老奴隶。这个奴隶，与其说是仆人，倒不如说是忠实的旅伴和朋友。他们在一块儿，一步一步地测量了整个希腊。他们冬天在一块儿挨冻，夏天在一块儿受热。十二月的冷雨直向他们的脸上扑打，不管谁是奴隶，谁是主人。

现在他们走进了一个小市镇，人群在空场上把他们围了起来。那些比较富有的人，招待他们到自己的家里去。每一个人都乐意听一听流浪歌手的歌声。

此后发生了些什么事情，何必由我们来推测呢？色诺芬尼在他的诗歌里就自己叙述了这些事情。诗歌的零缣断片传到了现代：

> 在冬季里，躺在火光熊熊的火炉前、软绵绵的卧床上的饱暖的人，喝着甜酒，夹着胡桃，问："你是什么人，你从哪儿来？你出世以来，已经有多大年纪？好朋友，碰到米堤亚[3]人的时候，你有多大岁数了？"歌手回答道："自从我携带着我的诗歌在希腊奔走以来，已经过了六十七年。那个时候，我是二十五岁多一点儿，假使我没有记错的话。"

---

[1] 宙斯是希腊神话里的主神。

[2] 色诺芬尼（约前565—前473），古希腊的诗人、哲学家。

[3] 米堤亚是亚洲西部的一个古国，大约在公元前八世纪建国。公元前605年它灭了亚述帝国，接着侵入小亚细亚，这是它的极盛时期。公元前550年被波斯所灭。

主人把老人请到筵席前。他把竖琴挂在头顶上面的钉子上。女奴送上洗手盆，请客人洗手，把面包放在他的面前，向杯里斟上美酒。客人吃饱喝足。他把竖琴拿到手里，开始唱歌。

于是我们又重新听见他自己的声音：

现在地板是干净的，客人的手和酒杯是干净的。有的人戴上编得很精致的花冠，有的人在用碗传递芬芳的油。壶里盛满宴会乐趣所在的美酒。泥壶里还有酒呢，它足够喝的了，酒是可口的，和花一样芬芳。神香把香气飘在我们之间。瞧，也有水，又冰凉，又甜美，又清澈。琥珀色的面包放在我们面前，桌子几乎要被干酪和蜂蜜的重量压坍了。当中是供着花的祭坛。屋子里充满歌声、跳舞声和嬉笑声。

首先，聚在一起作乐的人们必须用虔诚的语言来对神明表示尊敬。莫过酒以后，又祈求神赐给力量，让他们好好地度过宴会——这比什么都强，不让他们喝得太多，使得每一个人，假使他不太老的话，能够不依靠奴隶的搀扶走到家门口。荣誉归于那个在饮酒的时候说着体面的话、不忘记道德的客人。

我们不歌颂那些狂暴的纷争的故事，那些故事里，没有一点好事情，我们不去重复祖先虚构的故事，不去回忆泰坦、巨人和肯托洛伊[1]的战斗……

色诺芬尼饮酒的时候，说些什么呢？

他不像别的流浪歌手那样。他们千篇一律地重复荷马和赫西俄德的歌词，色诺芬尼却嘲笑他们两个。

"荷马和赫西俄德，"他说，"把人类认为是罪恶的一切行为都归给神了。他们

---

[1] 肯托洛伊是希腊神话里半人半马的怪物，居住在深山里，秉性残暴，喜欢跟人格斗。

把神的无法无天的行为，神怎样偷盗和怎样互相欺骗的事，都讲给我们听。"

人们惊奇地倾听这些大胆的话，莫非这个白胡子的歌手不怕神吗？

但是他立刻使他们安心了。

"对于神应该尊敬，"他说，"但神是什么呢？你们以为他们跟凡人一样是生下来的吗？你们以为他们穿着跟人一样的衣服，具有人一样的声音、人一样的肉体外壳吗？假如说神在某个时候诞生，这是不诚实的。这就是说，他们不是永生的，在他们诞生以前是没有他们的。你们以为神跟你们一样吗？但是，牛或马假使有手的话，假使它们能够描绘它们的神的话，它们就会按照它们的形象和种类来描绘了：马按照马的形象画，牛按照牛的形象画。"

从前，这种话是会吓倒听众的。但是这时候，古老的信仰已经动摇了。人们听到了色诺芬尼的歌，人们问他："真理在哪里呢？神是什么呢？"

"从前没有，以后也不会有认识神的人，"色诺芬尼说，"即使人能够说出真理，他自己也不会知道这一点的。关于这一点，不可能有知识，只可能有意见。神从最初起，就没有把一切都显露给凡人知道。人们只能慢慢地，用探索的方法走向真理。"

色诺芬尼又把竖琴拿在手里唱起来：

> 诸神和人类中间最大的唯一的神，不论在肉体上或精神上都不像凡人。他看见一切，他想到一切，他听见一切，他统治世间的一切。他永远不动地停滞在同一个地方，因为他不适宜于从一个地方转到另一个地方去。

色诺芬尼歌颂新的神，这个神是永生的，就跟大自然一样地永生。他是无限的，就跟空间一样地无限。他是唯一的，因为自然界是唯一的。神是万物，是整个自然界，是整个宇宙。

万物的轮廓不停地改变着。人们唤作天体的云燃烧了，又熄灭了。生物在土地上出现，又复归于土地。从大海里产生出风和乌云，乌云化成雨落了下来。水沿着河床又流回海里，沿途从土地里冲走盐，因此海水是咸的。陆地慢慢地、不知不觉地跟海分离开。直到如今，我们还常常在山顶上找到贝壳，在采石坑的深处找到鱼的印痕。以后，陆地又重新沉入水里，使居住在它上面的人们遭受灭亡。

一切在变，但是宇宙不变。唯独它不生也不灭……

就像这样，色诺芬尼在世界变幻无穷、五颜六色的幕后，寻找它永恒不变的基础。

第二天，色诺芬尼和他的旅伴才离开那殷勤款待他们的地方。老奴隶很愉快：他背上的东西由于丰盛的礼物变得比以前重了。色诺芬尼也很满意：这些人很尊敬地听他讲，像学生听老师讲课一样。

可情形不会永远是这样的。不是所有的人都愿意听老歌手对荷马和赫西俄德、

对神和英雄们的嘲笑的。有时，屋里高贵的主人就自认为是神的后裔，假使流浪歌手用轻松的戏语触犯到主人在天上的祖先，他可要倒霉了。

色诺芬尼恨透了这种傲慢的贵族，这些用自己的贵重的戒指、用自己的梳得很好的头发来招摇的人。

他们爱在甜酒的樽前、在火光熊熊的火炉前，嘲笑那个老歌手的贫困，嘲笑他头上连个屋顶都没有。他们对他说："荷马死后还养活成千上万的歌手，可是你连一个奴隶都几乎养不起。"

但是他之所以贫困，难道不正是这批人的过错吗？假使有一个人在拳斗的比赛中得胜，人们就会用国家的钱养活他。可是这些人不懂得，智慧的力量高于拳头的力量……

山中小路把色诺芬尼引到离人们更远的地方。从上面望下去，他们的房子、他们的事业和他们的欲望显得多么渺小啊！他们住在多么狭小的世界里啊！

笼罩世界的天空庄严地高悬在山峰上方。山越高，看得也越远。

色诺芬尼失去了一切——失去了父辈的土地，也失去了父辈的信仰。在他的故城，侵略者米堤亚人和波斯人在主宰着。他再没有亲人，也没有朋友了。以后是悠久的流浪的岁月。但是当他在自己的周围看见了包罗一切、永远生气勃勃的大自然的时候，他的心情舒坦了。大自然不知道疲倦，它从来不衰老，它也不会死亡。

维护旧思想的人想把科学拉拢到自己一边去

就像堡垒的城墙在破城锤重击下倒塌一样，古老的信仰在新思想的冲击下破灭了。在城墙的缺口间，露出了辽阔的新世界。这个世界和人们曾经住过许多世纪的那个世界是非常不相像的。

现在维护旧思想的人想把科学拉拢到自己一边去……

事情发生在离米利都不远的萨摩斯岛上。这里，对于神早已没有从前那样尊敬了。萨摩斯的居民已经有了新的神。他们崇拜金银制成的圆片，这种东西，不久以前

谁都还很陌生。从前，通行的是沉重的巴比伦人的塔兰特[1]——两普特[2]重的金银锭。它们长年搁在一个主人那里。

现在这些吕底亚小商人开始通用一种小小的圆形货币，它今天在这个人手里，明天到了另外一个人手里。

那个有许多小货币的人用不着把他的一切希望寄托在神明身上了，金钱就会把他所希望的一切交给他。

比如说，那个没有亲人、没有后代的波利克拉特斯[3]吧。他从很小的事情做起：先开了一个作坊。在这个作坊里，有二十来个奴隶从早到晚在制造和砑光贵重的家具——富人和贵族用的豪华的床。生意做得很顺利，圆圆的货币很痛快地从贵族的

[1] 塔兰特是古代巴比伦、希腊等地的货币和重量单位。

[2] 普特是俄国的重量单位，1 普特约等于 16.38 千克。

[3] 波利克拉特斯是公元前六世纪前半期统治萨摩斯的僭主。

白嫩的手里转移到家具铺老板的有许多老茧的手里。老板不叫货币闲着，他造了船，又在港口募集了胆大的水手。船从一个岛驶向另外一个岛。粗暴的伙计们热心地干着叫他们干的事：杀害男人，抢夺妇女和小孩，在黑舷的船里装满金子和贵重的织物。

波利克拉特斯真是一帆风顺，圆圆的货币从四面八方向他滚来。它们给了他所要的一切东西，而他的欲望是很多的。最后金钱终于满足了他最大的欲望：给他统治他本国人的权力。

商人、手艺匠和船主们都很满意：自己人当了头头。

而贵族们却皱起眉头来，看着这个暴发户替他自己建筑的华丽的宫殿，难道神真会继续庇护他吗？不会的，这种运气是不会继续下去的。

他们小声地传说着，神已经向人们发出了预示要惩罚的征兆。波利克拉特斯为了禳解命运对他的嫉妒，把自己的贵重的宝石戒指丢到海里去。但是那个曾经给予他这么多礼物的海，不愿意接受他的回礼。宝石戒指又回来了——在一条大鱼的肚子里，一个渔夫把这条鱼送到了宫殿。

诸神在奥林匹斯山上什么都知道，什么都看得见。他们不能允许平民得到财富和地位，而诸神的后裔却过着被人轻视的可怜的生活。

还有许多人也这样想。另外一些人，也是受委屈的人，听了这些话只是苦笑。他们，这些奥林匹斯山上的神在哪儿呢？旧的信仰动摇了，已经没有什么可指望的了。

再没有从前那种勇敢气概了。英雄们的后裔如今只消听见僭主[1]的名字就吓得发抖。他们自己已经传染上了新的、腐蚀一切的精神了。他们忘记了什么是好，什么是坏。究竟到哪儿去求救呢？去向谁问路呢？

人们耳语着，彼此传告消息。他们像讲述

---

[1] 僭主指用武力夺取政权而建立个人统治的人。在公元前七世纪到前六世纪，希腊各城邦形成时期，比较广泛地出现过僭主政治这种政权形式。

很大的秘密似的说，有一个怪人，一个哲人，将把生路指点给人。但是必须经受一场艰难持久的考验，才能得到指点。这需要长时期放弃自己的意志和理智，学会顺从和沉默。人自己不知道什么事情对他有益，知道这一点的只有至上的生物：神、半人半神和英雄们。

哲人毕达哥拉斯 [1] 就是一位介于人

和神之间的至上的生物。人们认为他是石头雕刻家尼萨尔赫的儿子，但这是不正确的。他的父亲是赫耳墨斯神 [2]，甚至可能是阿波罗神 [3]。据说有一次在戏院里，风卷起了毕达哥拉斯的斗篷，大家看见他的大腿像黄金一样闪闪发光。他创造奇迹，他和诸神谈话，他时常走到地府里去，但是依旧活得好好的，就和古代歌手俄耳甫斯 [4] 一样。

体面人家的青年们常常去找毕达哥拉斯。谁也不知道他和他们谈些什么，但是关于这些秘密谈话的消息传到了波利克拉特斯的耳朵里，因此波利克拉特斯命令手下的人留心侦察这个新出现的

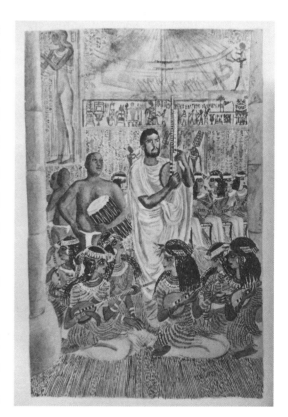

[1] 毕达哥拉斯（前 580 至前 570 之间—约前 500），古希腊数学家、哲学家。

[2] 赫耳墨斯是希腊神话里众神的使者。

[3] 阿波罗是希腊神话里的太阳神。

[4] 俄耳甫斯是希腊神话里的诗人和歌手，善弹竖琴。他的妻子死后，他追到地府，用琴声感动了冥后，把妻子带回人间，但是快要接近地面的时候忘了约言，回头看妻子是否跟着，使他的妻子重新坠入地府。

半人半神。在秘密谈话的掩蔽下，会不会酝酿着阴谋呢？

毕达哥拉斯离开了萨摩斯。崇拜他的人传出他的临别辞："暴政已经变本加厉，一个自由的人无法忍受监视和暴虐。"

他销声匿迹了。据说，他到过埃及和巴比伦的未开化的人那里，祭司们把他们的秘密传给了他。

最后，人们得知，他在世界的另外一头——意大利海边的克罗顿[1]城里住下了。

在这里，在克罗顿，天平还在摆动着。在

希腊所有的城市里进行着的争执还没有解决：谁来统治呢——富商还是贵族的后裔？

贵族中间已经出了一个领袖，这是在奥林匹亚竞技中因胜利而出了名的运动家迈龙[2]。从外表看来，他像赫拉克勒斯[3]。当他手里拿着大棒，肩上披了狮皮，在斗技中出现的时候，敌人们吓得丢了剑和长矛逃跑了。但是迈龙不是一个哲人，他对于拳斗比对于哲学懂得多。

克罗顿的贵族们有了领袖，但是

[1] 克罗顿就是现在的克罗托内，在意大利南部沿海。

[2] 迈龙也作迈罗，主要活动时期是公元前六世纪后期，在奥林匹亚竞技会上角力取得胜利。公元前510年曾经率领克罗顿人打败西巴里斯人。

[3] 赫拉克勒斯是希腊神话里最伟大的英雄，神勇无敌，曾经完成十二项英雄业绩。

没有老师。

这时候，毕达哥拉斯出现了。

他招集青年们，跟他们长谈。

"青年们啊！"他向他们说，"你们虔敬地、静静地谛听我所说的话！你们瞧瞧周围。世界上到处都是严整的秩序，一切都受和谐、尺度和数的支配。连声音都受数的支配。"

毕达哥拉斯把张在板上的弦线拉紧又放松。他把弦线一会儿弄短些，一会儿又放长些，这样，声音就受他的支配高上来，低下去，像是沿着看不见的阶梯在上下一样。

在过去，好像只有音乐家敏感的耳朵才能测出声音和声音间相隔的距离，现在这个秘密的钥匙找到了。竖琴是受数的支配的。

毕达哥拉斯在沙子上画一个三角形。这里——在图形世界里，也是数在统治着。是数、线和面从混沌里分出了我们世界上的万物，是数、线和面把形状给了没有形状的物体，给混沌带来了秩序。

就像这样，三小段的直线从原来没有界限的空间切出了各方面都有界限的三角形。

夜晚，毕达哥拉斯指点天空给学生们看。那里也是数、尺度和节奏在统治着。天体在空中并不是毫无秩序乱成一团地移动的，它们按自己一定的时间升起和没落，走着一定的路程。在世界的中间，就像在祭坛上一样，燃烧着照亮一切和暖和一切的火。周围环绕着十个透明的球，球上带着月亮和太阳，行星和恒星。地球也在受共同的规律支配。它并不是不动的，它也在参加共同的、严整的、有节奏的、绕着世界之火旋转的舞蹈。

圆球慢慢地环绕着走，每一个圆球都像弦线一样在歌唱，在这宇宙的十弦竖琴上，每一个圆球都有它自己的一种声音。

无论什么都有严整的秩序，一切都受数的支配。

有几个神圣的数字：一、三、四、十。一是数字中的第一个。三代表开始、中间和终了。十是计算中的基础，数字之中最完整的一个。而四是凑成十的一个数，你把四个最前面的数字一、二、三、四加起来，就得到十了。

毕达哥拉斯自己也为这一发现而震惊，他从此领会到世界上的一点事情。他以为他已经发现了一切。他看见了，用数可以测量一切，于是他以为，数就是一切。数是世界的始基和本质。

他的学生们吃惊地、兴奋地听他讲授，他们相信自己的老师。打开声音、形状和天体的秘密的钥匙找到了，他是不是还在接近世界的其他秘密呢？

老师回答他们说："是的，我是在接近。"数是开启幸福和不幸、成功和失败的门的钥匙。有幸福的数字，也有不幸的数字。

世界到处都受数、尺度、和谐的支配。到处都由神规定了不变的、严整的秩序。恒星也在受它的支配，人怎么能够不受它的支配呢？一个城市，如果在那里是一团混乱，在那里由群众们粗暴的任性来决定事情，在那里不尊重古代的制度，在那里不尊敬贵族，不尊敬诸神所永久规定的秩序，那真是可悲啊。

毕达哥拉斯像这样跟他的学生们谈话，把他学说的奥秘传授给他们。这不是谁

也不再相信的旧神话，这是保卫旧神的新科学。

毕达哥拉斯的学生越来越多了。他们组织了一个友好联盟。他们整天研究和学习体育、数学、音乐。体育是肉体的节奏，假使肉体没有节奏，那么精神也就没有秩序。音乐坚决要求崇高的和谐，纯正的科学——数学——使人精神纯洁。

毕达哥拉斯学派的人有他们自己的仪式，自己的秘密。

他们的科学也有一半是宗教。他们有许多规则、限制和戒律，未得传授的人是不会明白这些的。

为什么可以吃羊肉而不可以吃别种动物的肉呢？为什么不可以吃豆子？为什么穿鞋必须先穿右脚，洗脚必须先洗左脚？为什么不可以顺着道路走呢？

受到传授的人也不知道该怎么解释，而且他们也不应该知道：因为老师这样说过，而对于老师应该听从，不应该考虑他是对还是不对。

在戏院里，在市场上，在广场上，立刻就可以区别出毕达哥拉斯学派的人和普通的凡人来。毕达哥拉斯学派的人总是单独待在一旁，他们不愿意和大家走在一条路上。他们骄傲地望着愚昧的、未得传授的人群，那些人的命运是盲目地受着上级的完美的人支配的。在这些"完美的人"中间就有运动家迈龙，这个人具有赫拉克

勒斯的肌肉和一个公牛般脖子上的小脑袋。

纪律、服从和秩序发挥了自己的作用：它们把所有的贵族团结成一个联盟，它们结束了懒惰和放荡。友好联盟不仅研究科学，在他们所在的城市里，政权已经属于毕达哥拉斯学派了。他们还想把邻城也治得井井有条，使邻城也受"尺度"和"和谐"的统治。而所谓和谐，就是使少数"完美的人"支配群众，使统治权属于贵族们。毕达哥拉斯学派的人就是这样说的。

联盟把自己的触须伸向各地，用触须缠绕了希腊所有的意大利殖民地和整个大希腊。

只要有机会，这些人就将从言语转入行动。关于和谐，关于使所有的互相斗争和敌对的人和解的道理，他们说了这么多了。现在他们已经准备好剑，以便根除敌意，而且想毁掉别的城市的城墙来建设"秩序"。

瞧，他们的科学是为了什么目的！

机会找到了：常常有亡命者从邻城西巴里斯到克罗顿来，他们在祭坛旁边寻找安身的地方。这是离开了祖国的贵族们，因为那里的政权落到平民的手里了。西巴里斯的居民要求把他们引渡过去，克罗顿人拒绝了。

大家都知道，拒绝就是战争。但是克罗顿人不反对和邻城的人作战。他们老早已经觊觎着富有的西巴里斯城了。

在那里，库房都快被米利都的毛织物撑破了，那里的酒多得使人们不得不替它在地下挖了许多渠道，酒沿着渠道，从贮酒池流到港口。这些机灵的商人——西巴里斯人——既知道酒是什么，也知道其他的生财之道。而克罗顿有的却只是田地和渔业。

克罗顿的农夫们进军了。率领他们的人是运动家迈龙，他打扮成赫拉克勒斯，头上戴着奥林匹亚的花冠。迈龙的周围是全体贵族，全体守纪律的毕达哥拉斯学派的人。

战争持续了不久，毕达哥拉斯学派的人就满意了：西巴里斯有了"秩序"，男人被杀光了，妇女和小孩被俘虏做了奴隶，广大的城市被毁成平地。"完美的人"把丰富的战利品均分了，参加远征的渔夫却回到了他们有漏洞的船上和充满烟的茅屋里。

但是渔夫和农夫在嘟哝，用他们的愤慨的呼声破坏了"和谐"。他们要求他们应得的一份战利品。

不平的人们中间，也有平民中间的富有者，过去的陶工或者武器匠。他们也想参加对于一些事情的讨论和决定。

就在那友好联盟内部也已经没有从前的友好空气了。毕达哥拉斯的一个得意弟子希帕斯站到平民一边去了。

希帕斯被联盟开除了。人们给他立了一个墓碑，把他当作死人。但是他还活着。他出现在平民的集会上，他和别人一同要求驱逐毕达哥拉斯学派的人。他把毕达哥拉斯的"圣言"读给群众听，用毕达哥拉斯学派的人自己的话来判决他们的罪。

毕达哥拉斯离开了那座城。拥护他的人在讲着奇迹和显灵的事情。说是老师过河的时候，有一个奇异的声音高声说："你好啊，毕达哥拉斯！"老师已经离得很远，已经到了美塔蓬塔了，但是人们突然在克罗顿看见了他。

毕达哥拉斯学派中的人想，事情还没有完全绝望，诸神不会允许平民跟"完美的人"、跟北方乐土的阿波罗本身——毕达哥拉斯的学生们现在像这样称呼毕达哥拉斯——争执的时候得胜的。

夜里，他们聚集在运动家迈龙的家里开秘密会议，但是他们的敌人得知了这个消息。

人们从四面八方——从手艺匠的自由村和渔村里聚拢来，火把在他们的手里冒着烟和火焰，咆哮的广大人群包围了那所房子。火把的火焰越来越近了，它进了栅栏和围墙，它穿过橄榄树的枝叶冲入了庭园。

现在整个房子都已经被火焰包围了，它像个巨大的火堆在城市上空熊熊地燃烧着。

毕达哥拉斯学派的人企图从房子里逃出来，但是失败了。他们蜂拥地跑向狭窄的出口，彼此挤成一团。

连运气最好的人也终究不免一死：他们刚刚从浓烟里露出头来，人们就从四面八方向他们砍了过去。连迈龙的赫拉克勒斯的神力都没法救他自己。只有两个最年轻最灵活的人从火里逃了出来。

中间是宇宙的火，周围是天体的合唱。这些青年在静静地讨论声音、数和恒星的时候是这样想象世界的。现在他们看见了大火的赤色的火光和周围咆哮的群众。他们被注定了居住的这个充满了斗争的世界，距离那个永恒的严整的秩序还有多么远啊！

斗争越来越激烈，城市的石头城墙和古代的习惯信仰的坚固基础都陆续化成废墟。一切都被牵连到这个原始氏族制度残余和新的奴隶制度之间的斗争中。每一首歌手的诗歌、每一个数学定理都参加了斗争。

我们在学校里学习毕达哥拉斯定理[1]，研究无理数或者声学，已经不会想到从前为了这些无可争辩的真理，曾经惹起过多么激烈的争论。圆规也变成过武器，而且不比刀剑钝。

科学一年比一年壮大，斗争的两方面都想拉它来作为自己的同盟者。

毕达哥拉斯学派的人想让科学帮助他们阻止历史，保住古代信仰和古代制度的狭隘的墙壁，这是多大的错误啊！

他们之所以要扶植科学，是为了让它作为他们的保护者，贵族的保护者，而科学逐渐成长，却逐渐移开和推倒要它保护的那些墙壁。毕达哥拉斯学派的人们于是不得不把自己的发现隐藏起来。但是科学难道是可以封锁起来的吗？

被保守秘密的学说逐渐获得了自由，是毕达哥拉斯学派的人们自己把它声张出来的。联盟宣布这些改变信仰的人是死人，给他们立起墓碑，但是他们还活着，就像科学也活着一样。

科学干它自己的事，推翻了习惯的观念。不是就在不久以前，人们还以为大地是世界的不动和不变的基础吗？现在毕达哥拉斯学派的人在秘密会议上也已经说，大地是个环绕着世界的火而旋转的圆球。这些人想保卫旧的基础，而自己却把大地从脚下抽出去，强迫它像一只陀螺似的旋转起来。

他们想把科学变作他们的仆人，科学却迫使他们为它服务了。

从那个时候算起，已经过了多少世纪啊！从前在毕达哥拉斯学派的人们和反对他们的人之间所进行的辩论和斗争，早已被人遗忘了。连历史学家也未必能够透过传说的云雾，辨认出那个时代的人们。

研究工作者甚至怀疑那著名的毕达哥拉斯定理是不是真是毕达哥拉斯本人发现的。是不是他本人发现大地是圆球，而地球并不位于世界的中央？

大概这不是毕达哥拉斯一个人的成绩，这是那些被称作毕达哥拉斯学派的人们

[1] 毕达哥拉斯定理就是直角三角形两个直角边的平方的和等于斜边的平方。我国在古代算书里比毕达哥拉斯早知道这条定理，把两条直角边叫作勾和股，所以我国叫它勾股定理。

的共同的成绩。

不过，无论怎样，毕达哥拉斯学派的人的发现总没有被遗忘掉。

没有一种科学是可以不用到数字的。

不论是关于什么的问题——关于恒星或关于原子，关于海洋里的水或地面上的风——我们只有在讨论中出现数字和公式的时候，才能够理解各种事物之间的联系。

没有数字和公式，就不能制造飞机，不能修筑隧道，不能在河上架起桥梁来。

每天，在全世界的学校里，成百万的小学生在谈到质数和复数，在演算比例和级数的题目，在引证直角三角形斜边的平方等于两直角边的平方的和。

毕达哥拉斯学派的人最先把数分作质数和复数。

毕达哥拉斯学派的人最先开始研究比例和级数。

我们遇到毕达哥拉斯定理的时候，总会想起毕达哥拉斯学派的人。但是他们不只创立了一个定理，三角形的三内角的和等于二直角的定理，也是毕达哥拉斯学派的人发现的。

甚至我们在街上走着看房子门牌号数的时候，想撇开毕达哥拉斯学派也不行。一边的门牌号数是奇数，另外一边是偶数。

是谁把数分作奇数和偶数的呢？

也是毕达哥拉斯学派的人。

他们最先论证，数对于研究世界有多么重大的意义。

但是他们的学说的基础，对于科学是不真实的和有害的。

"数是一切，"毕达哥拉斯学派的人说，"万物的始基和根基不是物质，而是数。"

这个不真实的原理使科学从它在泰勒斯时期所走的那条路上后退了。

一位爱发脾气的隐士，他教人们怎样思想

曾经有过这样的时候，每一天都很相像，生命的河流得那样慢，简直觉察不出它在流。可是突然暴风雨来临了。瞧，周围的一切都已经改变了，那惯常的古老的生活方式一点也没有遗留下来。不但是每天，而且是每小时，一切在变，过去的事物彻底毁灭了。世界一百年里的变化比从前一千年里的还要大。

在我们这个时代之前的两千四百年，人们就是生活在这种不安定的时代里。挺立了许多世纪的古老墙壁倒塌成了瓦砾。古代的风俗习惯、信仰和法规曾经像是诸神所定的，不变的。如今呢，大家亲眼看到，今天的新的法规代替了昨天的旧法规。不久以前还被人们认为是好的事情，现在开始被认为是坏的事情了。从前一无所有的人，突然变成了富翁。从前有过许多财产的人，却突然在一夜间失掉了一切。平民得到了地位，王族的后裔却像无家可归的流浪人那样在漂泊。

"究竟发生了什么事情呢？"在暴风雨中受了苦的人禁不住问，"什么时候一切才能恢复原状呢？我们什么时候才能够回到从前的那个好光景，回到我们从前那种安乐的小天地里去呢？"

人们去请教哲人。每一哲人都按照他自己的意思来回答。

毕达哥拉斯向他们讲述世界牢不可破的和谐，许多世纪以来已经确定的秩序。一定得重新建立起这个被暴风雨摧毁了的秩序。

赫拉克利特[1]回答人们的话却完全不同。

---

[1] 赫拉克利特（约前540—约前480与470之间），古希腊哲学家，爱非斯学派的创始人，辩证法的奠基人之一。

要找到赫拉克利特，得到一个阴暗的密林里去，他在那里隐居着。

他也是新制度的反对者。他离开他的历代祖先做王的爱非斯城[1]，住到了狩猎女神阿耳忒弥斯[2]圣地附近的山里。

异乡人胆怯地走向他的住所。他们已经从爱非斯城的居民那里得知这位年老的哲人的阴郁而严峻的脾气。他可能把来人痛骂一顿，把来人撵走。从这个忧郁的人那里，一点愉快的事也听不到，难怪人们把他唤作悲哀的赫拉克利特。而且要听懂他的话也不容易，他仿佛故意把话说得晦涩难解，像德尔菲[3]圣地的神谕那样。因此别人还给他起了第二个绰号——晦涩的赫拉克利特。

但是赫拉克利特的荣誉比他的坏脾气的名声还大。异乡的客人常常鼓足勇气，小心地走近他的小屋，像走向森林里野兽的巢穴一样。他们碰到他正在火炉旁边烤火，于是就犹豫地在门口站住了。老人把身子转向他们，说：

放勇敢一些走进来吧。这里也有神……

谈话开始了。老人问来客，在下面，在爱非斯有什么新闻。他不肯饶恕那些推翻了贵族的世袭统治权的同胞。他嘲笑他们的新秩序。

他们的理智在哪儿？常识在哪儿？他们听流浪歌手的话，他们的师父是群众。他们不明白，坏人多，好人少。我认为，假使一个人比别人优秀的话，他一个人就抵得上一千人。他们排斥自己的最优秀的公民。他们说：“我们宁可没有最优秀的人，假

[1] 爱非斯旧译以弗所，位于小亚细亚西岸，也是古希腊的一个重要城邦。

[2] 阿耳忒弥斯是希腊神话里的狩猎女神，并保护少年男女，以贞洁著称。爱非斯的阿耳忒弥斯神庙是古代世界七大奇迹之一。

[3] 德尔菲是古希腊的旧都，有阿波罗神庙，当时信徒常去祈祷，请求预示祸福。

使有这样一个人的话，让他住在别的地方，不要住在我们这里吧。"要是来问我，我会劝他们所有的人都去上吊，把城市留给孩子们。也许孩子们会聪明一些。

异乡人恐惧地听着这种愤怒的话。他们急忙把话题扯到别的事情上去，谈谈古代的事件和人物。

但是这位爱发脾气的老人还是用对待他同时代的人那样的愤怒来攻击从前的人们。他会把荷马从歌手比舞中撵出去，罚他一顿鞭子。赫西俄德是群众的老师。赫西俄德自以为比别人知道得多，可是他连黑夜和白昼是一回事都不懂得。

赫拉克利特对于神，也不比对人宽恕些。这个住在阿耳忒弥斯圣地的王族和祭司的后裔也不信旧神。

"向他们的偶像祈祷，"他说，"就等于和墙壁说话。"

他把他的同伴——思想家们也看得不高。只有泰勒斯一个人不受到赫拉克利特的责骂。

"毕达哥拉斯，"他说，"研究科学比别人热心。他在别人工作的基础上创立了他

的学问——多方面的知识和伪科学。然而多方面的知识并不会教人聪明，不管它来自毕达哥拉斯还是赫西俄德，来自赫卡特还是色诺芬尼。"

"那么向谁去学习好呢?"异乡人大惑不解地问。

"我们的老师，"赫拉克利特回答道，"这就是眼睛和耳朵。一定得听和看——不然的话，就什么也不会知道。假使整个大自然都化成了烟，我们会用鼻孔知道它。一定得倾听大自然的声音。但是光听还不够，还须了解你所听到的声音。假使一个人有一颗愚蠢的

心，那眼睛和耳朵也只是坏的见证人。眼睛比耳朵要诚实一些，但也并不总是可以信任的。大自然喜欢隐秘，所以必须能够洞察它的秘密。你们听大自然的声音吧，你们自己提问题吧，人就是无限的世界，跟宇宙一样。"

客人们仔细地听哲人的每一句话。

"你们看一看周围，"他说，"一切在动，一切在流。人不可能两次进入同一条河流。连太阳每天都是新的。无论哪里都没有宁静，无论哪里都没有和平。到处都是斗争和战争。正是战争使某些人成为奴隶，使另外一些人获得自由。荷马说：'啊！但愿憎恨离开了诸神和人们！'可果真这样的话，万物都将消灭了。万物都是由于斗争而产生，由于斗争而毁灭的。它是宇宙的主。对于一种物体是死，对于另外一种物体是生。当劈柴在炉子里燃烧的时候，木头的死就是火的生。"

火炉里的火焰照亮了赫拉克利特的脸，照亮了他前额上的皱纹，照亮了他闭得紧紧的嘴和波浪形的白胡子。

他的声音、哲人的声音又响起来了。

> 世界不是由任何神所创造的，也不是由任何人所创造的。它过去、现在和将来都是按规律燃烧着、按规律熄灭着的永恒的活火。当宇宙的火熄灭的时候，就产生了世界，一切都变凉了，凝结了。以后宇宙的火又重新把一切都化成了火。诞生和灭亡、生和死就这样结合在一起。就像这样，万物的始基在斗争中创造了世界的和谐，世界就像竖琴的弦。当我们弹竖琴的时候，我们一会儿把弦按紧，一会儿又把弦放松。一张一弛配合起来，就产生了和谐的声音。世界不是混乱的而是和谐的。在表面上看去好像没有秩序的中间有它严格的秩序。一切都受必然性的支配。必然性的鞭子把每只野兽驱向食物。连天上的太阳都不能够越过它的界限……

这时候太阳已经西斜了。客人们和主人告别。他们带了礼物回去了，这个礼物一点分量也没有，然而比沉重的黄金还要宝贵。这个礼物就是新思想、新观念。他们还没来得及问，就已经得到了答复。要返回到往昔去，是不可能的。动乱不是偶然的，它是规律。一切在流，人不可能两次进入同一条河流……

他们回去的时候，在门口又碰到别的来访者。这些新客人不胆怯，主人也不像对待别的客人那样严峻地接待他们。一群喧闹的快乐的孩子闯入了这位年老的哲人的小屋，他们叫他像昨天那样跟他们一块儿玩一会儿骰子和棋子。

这个年老的憎厌现世的脾气古怪的人喜欢儿童。难怪他说世界的统治权属于儿童。

就像这样，在远离城市喧嚣的密林深山里，推翻古代信仰的新学说在成熟着。这是关于支配世界的必然性和不能改变的规律的学说。

怎样称呼这个新的统治世界的主宰呢？

用统治世界的宙斯神的名字来称呼它吗？但是旧的名字引起旧的思想，会把人引向后退、引向从前的神那里去。

赫拉克利特寻找新的名字。把它唤作"诺摩斯"——规律？还是唤作"科斯摩斯"——世界的秩序？还是唤作"逻各斯"——它的意义又是规律，又是言词，又是理性？

很难用旧的词儿来表达新的思想。但是赫拉克利特认为，"逻各斯"这个词最正确地表达了关于宇宙规律的思想，这个规律被智慧所理解，而且支配着自然界和人类的理性。

沿着海岸，在跟喧嚣的港口米利都和爱非斯邻近的地方，哲学家赫拉克利特创造着关于逻各斯的学说，关于宇宙规律的学说，用这个学说去断然推翻宙斯神的权力。

一天又一天，赫拉克利特写下自己的思想。他把纸卷藏在阿耳忒弥斯圣地。

他想：

> 让这些纸卷在那里放着吧，只有受到传授的人才能接近它们。这个玄奥的哲理不是传给群众的。人们会觉得它是晦涩的，虽然它跟阳光一样明朗。
>
> 他们把一切观念都像库房里的东西一样分类排列。他们把一切都分作适用的和不适用的，黑暗的和光明的，好的和坏的。
>
> 而海水适于鱼而不适于人。猪在泥里洗澡，对于它们，泥不是脏的。最美的猴子跟人比较起来，都是丑的。那对于自由的人是善的事物，对于奴隶却是恶。
>
> 人们还没有学会了解这一点。他们只从一个方面看事物。没有法子使

他们明白，没有黑暗，就不会有光明，没有虚妄，就不会有真实。假使没有疾病，难道人们能够知道什么是健康吗？假使没有劳动，那么什么是休息呢？光明和黑暗，真实和虚妄，死亡和诞生，终和始——这都是同样的。在圆周里，终是始，始是终。冰的死是水的生，而水的死是蒸汽的生。我们存在同时又不存在——每一瞬间我们都在变成别的东西。

赫拉克利特就在这样想。但是他知道：人们不能很快地了解他。他们是在狭隘的世界里成长起来的。世界变得宽阔了，而他们的思想还是跟从前一样狭窄。他们的目光短浅，他们的思想迟钝。他们只知道自己的真实，却领会不到每一件事物都可以从另外一方面来看。

何必跟他们谈这个呢？他们不会懂的。他们想的只是怎样填饱自己的肚子。

年老的哲人像这样嘲骂人们。但是在所有的憎厌现世的人中间，他是最仁爱的。如果不是为了人类，他还为谁寻求真理呢？这个新制度的反对者在教导人们按照新的方式思想。这个住在圣地的祭司在打倒诸神。

再过若干世纪，人们说到赫拉克利特：他头一个明白了自然界里没有静止，自然界在不断地改变和更新。最有学问的人们将赞叹着重复着古代哲人的话："世界是包括一切的整体，它不是由任何神或任何人所创造的，它过去、现在和将来都是按规律燃烧着、按规律熄灭着的永恒的活火。"

戴得过早的月桂冠 [1]

赫拉克利特像是一个在所有人全是瞎子的黑暗世界里唯一看得见东西的人。他也并不希望人们能够很快恢复视力。

但是也有一些哲人，他们并不轻视人们，而是住到人们中间去，尽全部精力把自己的学识贡献给人们。

---

[1] 月桂冠也叫桂冠，古希腊人用月桂树叶编成冠，授给竞技的优胜者，所以戴月桂冠象征荣誉和胜利。

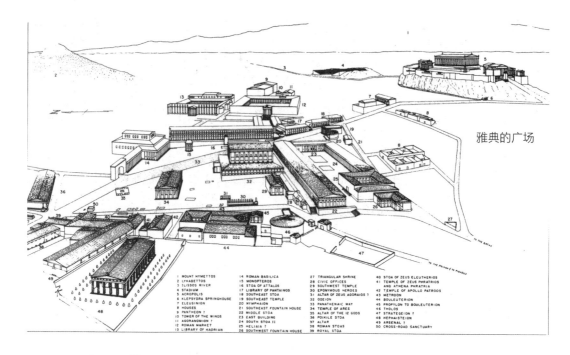

雅典的广场

恩培多克勒[1]就是这样的一个人。

他和赫拉克利特一样，也出身于王族。恩培多克勒的祖先曾经统治他的故城——西西里的阿克拉格斯。

恩培多克勒诞生和生长在这个城市的卫城[2]城墙里，但是他毫不犹豫地拒绝了王位。他不喜欢那些把卫城和市场，把卫城和铁匠的铁砧叮当声、木匠的斧子嗒嗒响的热闹区域相隔开的高大城墙。他希望不是由国王而是由平民来统治卫城。况且这个国王的权势能有多大价值呢？它早就是有名无实的了。统治阿克拉格斯的不是国王，而是少数贵族。

恩培多克勒是这些傲慢的贵族的仇敌，他拥护所有自由公民的平等。他看到了平等的胜利。在阿克拉格斯经过了长期的斗争之后，平民获得了政权。恩培多克勒被选做了执政官。他细心地留意着，使任何人都不得侵害平民的权利。当执政官当中有一个企图把整个权力攫取到自己手里的时候，恩培多克勒要求严厉地处罚他和他的同谋者。在公民会议上，恩培多克勒发表演说，嘲骂了那些认为自己高人一等的人。

他尽全部精力把学识贡献给了人们。

---

[1] 恩培多克勒（前 493 或 495—约前 432 或 435），古希腊哲学家。

[2] 卫城指希腊一些城市的内城。

他的国人这样谈起他：

> 塞里纳斯城因附近河里发出的臭气而流行了瘟疫，城里的居民陆续死亡。那时，恩培多克勒想出了一个对付这个灾难的办法。他用他自己的钱，把那条河和邻近的两条河连了起来。由于河水的混合，这一条河变得清洁了。这样一来，传染病停止了蔓延，塞里纳斯城的居民就在河边上设宴庆祝，这时候，恩培多克勒到来了。他们立刻站起身来，俯伏在他的面前，向他祈祷，就像向神祈祷一样。

恩培多克勒也关心他自己的故城阿克拉格斯。

有一回，从山里吹来了闷热得叫人不舒服的风。这风刮得非常大，果园里的果实都受到损害。恩培多克勒叫人剥下驴皮来，用驴皮做皮囊。他把这些皮囊分放在小丘和山峰的周围，用它们来捕捉风。

但是也有人说，事实完全不是这样。恩培多克勒造了一堵墙，用这堵墙挡住了让南风吹进平原来的那个谷口。

国内避免了果实的歉收和瘟疫。人们把恩培多克勒唤作"驯服风的人"。

不仅对于风暴，甚至对于死亡，他也敢挑战。据说，他甚至能把死人的灵魂从地府里招回来。在描写他的故事中，真实的和杜撰的事迹交织在一起。

他从一个城市走到另一个城市，成千的人欢迎他，就像欢迎救命恩人一样。有的人期待他治好疾病，有的人向他打听走向真理的道路。

他穿着国王的服装——紫色的斗篷，腰里围着镶金的腰带。他脚上穿着铜制的鞋，头上戴着月桂冠。

他是一个首领。但是跟他的不是护卫兵，而是有病的和受苦的人群。人们不是在宫殿里、在卫城的城墙里看见他，而是在城外的陋屋里和尘土飞扬的大街上看见他。

他是一个胜利者。但是他获得胜利并不是像他的祖父那样在赛马场上，也不是在别个城市的城墙下的流血战场上，他是在跟风暴、跟风、跟不服管制的江河、跟疫病看不见的毒素、跟死亡的神秘的威力的斗争中获得胜利的。

在人们的心目中他不是人，而是从天上降到地面上来的神。他知道他的智力超过别人，但是他并不以此为傲。他说："我比这些每走一步都受到痛苦和死亡威胁的不幸的人们好一点，那有什么了不起呢。"

他是个哲人，他还编写了关于自然界的诗歌。

他不把自己的学识隐匿起来，他渴望把学识传授给人们。

据说，他年轻的时候，由于说出了毕达哥拉斯联盟的秘密，被联盟开除了。

他说："当别人的新思想灌入人们的理智的时候，他们是很难接受的。"但是他不离开人们，为了使科学能够充实他们的智慧，他和他们住在一起，教导他们。

他教了些什么呢？

他继续教在他以前已经开始的泰勒斯、阿那克西曼德、阿那克西米尼和赫拉克利特的学说。

恩培多克勒说，四种元素创造世界：火、水、土和气。

一切曾经有过的、现在有的和将来要有的东西，都是由它们来形成的。它们的结合创造了万物，它们的分解毁灭了万物。什么都不消失，什么都不从虚无里产生。被人们唤作死亡和诞生的，也只是结合和分解。

一向都是这样：有时候从一产生出多，有时候从多创造出一。

曾经有过一个时期，看不见太阳光彩夺目的脸，也看不见地球毛发蓬松的身体，看不见广大的兴波作浪的海。憎恨使一切都分裂了，一切都没有爱，没有联系。

但是爱跟憎恨做斗争，和睦跟憎恨做斗争，它把零碎的四种元素结合起来，造成各种形状的东西。

炽热的光辉灿烂的太阳，反射太阳光的皎皎的月亮，广大的天空，地球出的汗——海都是这样产生出来的。由于四种元素的结合，还产生出了生物。起初生长出许多没有躯体的头，摆动着的没有肩膀的手，转动着的没有前额的眼睛。它们相遇以后，就彼此长在一起。出现了有两个头的生物，长着人头的牛，长着牛头的人。但是这些怪物陆续死亡了，只剩下那些自然而然配合得很适当的生物。

世界是由元素造成的，就像房子是用砖头建造的一样。但是过了一个时期：憎恨重新战胜和睦。世界的大厦毁坏了，一切又都从头开始。

事情总是这样发生：一会儿和睦把四种元素混合起来，一会儿憎恨又把它们破坏得四分五裂。

听恩培多克勒讲话的人很难跟上他飞快地跑遍整个世界的思想。

他们已经习惯于这样想：天、地、生物都是诸神所创造的。恩培多克勒却告诉他们，一切都是按照必然性发生的——不是根据神的意思，而是自然而然地，由于元素的结合而产生的。

但是习惯的力量、旧信仰的力量是那样强大，人们竟开始把这个起而反对诸神的哲人也当作永生的神了……

恩培多克勒早已不在人世了，但是人们不相信他死了。

在阿克拉格斯城里，人们这样讲述他临终时候的情形。夜间，宴会散后，他和他的朋友躺在桌前。突然大家看见从天上射下一道光芒，还有火把的亮光。一个很响的声音唤着恩培多克勒的名字，接着又重新变得黑暗和寂静。早晨天亮的时候，大家看见恩培多克勒的床空了，于是派出奴隶去找他，但是哪里也找不到他。那时候人们就断定，发生了一件值得祈祷的事件，恩培多克勒变成了神，今后应该给他上供。

另外一些人说，恩培多克勒死了，但是他的死跟普通人的死不同。他自己把自己火化了，他葬身的火是火山的熊熊的火。当他感觉到他的生命的末日已经来临，他攀上埃特纳山[1]的山顶，投入了喷火口。人们之所以得知这件事，因为火山抛出了他的一只铜鞋。

那么实际上是怎么一回事呢？

恩培多克勒不得不死在离故乡很远的异乡。原来阿克拉格斯又重新被贵族夺去了政权，枷锁又套在平民的头上了。恩培多克勒被驱逐出境，他在高峻严寒的伯罗奔尼撒[2]的山里，在半开化的牧人中间，找到了安身的地方……

他在异乡唱起悲哀的诗歌：

> 享受过这样崇高地位和这样伟大幸福的我，命途多舛，徘徊在死亡的原野上……我望着这生疏的地方痛哭，这里，在这个不幸的黑暗草原上，充斥着谋杀、祸害和许多别的邪恶，残酷的疾病和腐败的事情……

他歌叹些什么呢？歌叹那命运把他带了来的异乡吗？还是他感觉到现在的整个

---

[1] 埃特纳火山在西西里岛东北部，是欧洲最高的活火山。

[2] 伯罗奔尼撒半岛位于希腊南部。

世界都是黑暗的异乡？

他，这个驯服风和征服死的人，在往年曾经多么骄傲和愉快地看世界啊！他应许过人们多少事情啊！

他曾经说："世界上有有益于健康的药，这将防止疾病和衰老。你将来都会知道的，我将把它们泄露给你听。你将会遏止那摧毁田地的不知疲倦的狂风。但是当你需要的时候，你又可以把风招回来。炎热的时候，你将会逼着雨落下来，灌溉田园。你将会从地府里招回死者的灵魂……"

他用先知者和诗人的眼睛向前看，看见了人在未来统治自然界的自由和支配权。在他看来，胜利已经得到，或者就将在明天得到。

他戴上了胜利者的月桂冠。人们像对神一样地对他礼拜，他也接受了这种敬意。但是人庆贺胜利还太早哩。恩培多克勒在被放逐的黑暗时日里，才明白了这一点。

他死的时候，悲怆地叹息道：

> 唉！跟不幸的人们同时代的薄命人啊，你是从什么样的不调和，从什么样的绝境中产生出来的？

恩培多克勒的整个学说都是从不调和，从旧和新的斗争中产生出来的。
这个斗争在他的故城里进行着，在整个希腊进行着，也在他的心里进行着。
新的科学在他的著作里和古代的巫术结合在一起。
他把长篇诗《论自然》献给了科学，把长篇诗《论净化》献给了巫术。

他像一个真正的学者，认为用我们的各种感觉和它们的助手——智慧——来理解的世界是一个现实的世界。

他否定有神。但是在他的长篇诗中，有宙斯也有赫拉[1]：他给大自然起了神的名字。

恩培多克勒就是这样在科学和巫术之间没有做出抉择。不过我们依旧把他作为一位科学家来纪念。因为当恩培多克勒创造了关于形成一切和从一切分解的元素的学说的时候，人们又向真理迈进了一步。不错，他的概念离我们的概念还是非常远，我们的化学元素完全不是恩培多克勒所说的那种元素。

---

[1] 赫拉是希腊神话里的天后，主神宙斯的妻子。

第三章

读者遇见了旅行家希罗多德[1]，他在港口听水手讲故事

你翻阅地图的时候，就可以看见，希腊最早的科学家、最早的哲学家出生的那些城市，位于小亚细亚一块多么小的土地上。

离米利都不远是哈利卡纳苏，历史学家和旅行家希罗多德就出生在那里。旁边是萨摩斯岛，毕达哥拉斯在那里度过了青年时期。从萨摩斯岛很容易渡过海湾，到了爱非斯，赫拉克利特就住在那里的阿耳忒弥斯圣地。从爱非斯步行三小时，就可以抵达科罗封，那是流浪歌手色诺芬尼的出生地。离科罗封不远是克拉左门，这是哲学家阿那克萨哥拉[2]的故乡。

当时他们都是邻居。泰勒斯和阿那克西曼德的黄金时代是公元前六世纪初叶。阿那克西米尼是阿那克西曼德的学生。毕达哥拉斯和色诺芬尼可以做泰勒斯的孙子。这都是在公元前六世纪。在毕达哥拉斯已经是个年迈的老头子的时候，老隐士赫拉克利特还是一个小孩子。阿那克萨哥拉和希罗多德还更年轻。这已经是在公元前五世纪了。

所有这些人，差不多同时都住在一块不大的土地上。但是他们使他们的时代和

---

[1] 希罗多德（约前480—前425），古希腊历史学家，著有《历史》，除记载希波战争外，也叙述了希腊、波斯、埃及和西亚各国的历史、地理和风俗习惯，杂有许多神话传说。

[2] 阿那克萨哥拉（约前500—约前428），古希腊哲学家。

他们的国土出了名。

希腊的科学是在这里创始的——就在这个时代和道路的交叉点上，在这里各种风俗习惯和信仰融合在一起，在这里不仅交流了物质，也交流了思想。

那是一个艰苦的时代！

外国的大军常常从东方袭来。

在公元前五世纪和前六世纪交界，"万王之王"——波斯国王使小亚细亚连年战争。城市一个个地被侵占。

联系小亚细亚的爱奥尼亚[1]各城市跟它们的殖民地之间的海上通路断绝了。波斯人的同盟者——腓尼基人在希腊人认为属于希腊的海上横行。

"最幸福的凡人"波利克拉特斯被波斯人俘虏了去，他被钉在十字架上杀害了。米利都企图反抗波斯，但是在海上战役中，希腊的兵船被腓尼基的舰队击溃了。反抗被镇压了下去，米利都被毁成了废墟。

---

[1] 米利都、爱非斯等各城市都属于爱奥尼亚，古代爱奥尼亚指小亚细亚西部地区。

难民从东向西涌向雅典、西西里和意大利南部。这些难民之中也有科学家。他们带着自己的纸卷、图样和地图。他们带着自己认为是最宝贵的东西——科学一同逃离敌人。

野蛮的大军继续前进。他们从亚洲侵入欧洲。他们毁坏了路上所遇到的一切。

只差一点——世界就会后退一大段。但是雅典抵挡住了野蛮的大军。

战争在海上进行的时候，雅典人总是打头阵。战斗在陆地上爆发的时候，雅典人也站在别人的前面。

雅典保卫了希腊的自由……

随着胜利，繁荣也来临了。如今——在公元前五世纪——从四面八方来的满

载海外货物的船舶已经不是向米利都而是向雅典驶去。

在雅典的作坊、造船厂和港口里，从早到晚，工作一刻也不停。这里有能工巧匠——陶工、织工和武器匠。在这里，从爱奥尼亚的城市逃出来的科学也找到了它的新的生长地。

世界的边界拓展得更宽了。

现在我们在雅典，遇见了曾经去过许多地方的旅行家和历史学家希罗多德。

人们在腓尼基的港口里看见过他，在金字塔脚下看见过他，在巴比伦的庙宇里看见过他，也在"万王之王"——波斯王的首都看见过他。

他曾经乘小船在尼罗河里逆流而

上，走到了象岛，他曾经在黑海边上住过很久，在那里，在希腊式庙宇旁边，可以看到西徐亚首领的镀了金的帐幕。

希罗多德曾经在庙宇里跟祭司们谈话，也曾经在码头上询问船长们。

在他自己的家乡雅典的时候，他常常到比雷埃夫斯[1]去，在那里的港口，拥挤着从远方各国来的船舶。

从黎明开始，那里就充满了喧闹的声音。码头上小山似的堆积着从西徐亚运来的装着谷物的口袋和从米利都运来的装着毛织物的口袋。有的船在卸货，

有的船在装货。搬运工在跟船夫相骂，商人在跟船主讲价钱。

在这里，每走一步都可以遇见异乡人。

人们终生住在一个地方、住在亲属和同族人中间的时代已经过去了。

那时候，随便哪个老婆婆都讲得出每个过路的人的家谱，那时候人们看异乡的商人就像是看野兽一样。假使他在一个城里定居下来，他就得为自己寻求保护人。他在这里没有亲属，谁能庇护一个不是自己族里的人呢？

那时候的城市就跟乡村一个样。

如今情形不同了。在城堡——在卫

---

[1] 比雷埃夫斯是雅典的港口市镇，离雅典东南八千米。

城的坚固城墙的四周，筑起了许多住着商人和手艺匠的街道。光是陶工就住满了一区。这里，跟雅典本地的居民比邻，住着从米利都来的商人，而在拐角上住着从爱非斯来的武器匠。

大海把人和东西都混合了。

从前，陶工只为自己的同乡们烧制碗杯，女奴为她的女主人织斗篷，"铜屋"里的锻冶匠为他本族的护卫兵和首领锻造刀剑。

如今，在这个城里制成的碗杯却在别的城里用来喝酒，在雅典织出的斗篷却披在辽远的西西里的异乡女人的肩上，而刀剑却握在叙利亚或者波斯的异乡的战士手里。

从前每个人都可以欺侮没有亲属的商人，现在却有法律保护他了。假使异乡人有奴隶、船舶和黄金，那他就不是城市里的下等人，而是最上等人中的一个了。

从前，贵族们瞧不起商人和手艺匠。如今，一切不再是

由身份决定，而是由财富决定了。

完全没有身份的人——有的时候也能发财，置下田地、船舶和作坊。

有的富翁的父亲是一个普通的陶工，他亲自用手转的旋盘捏出食器并且把它烧制出来。儿子却不只有一个作坊，而有两个了。每一个作坊里都有几十个奴隶。金钱会自己滚向这样的陶工手里，这并不奇怪：在他的作坊里放着新的、刚刚发明的脚踏式制陶旋盘。工匠用脚踏动那旋盘，他的两只手就可以空出来干别的活，因此工作进行就快得多。

作坊主人的钱越积越多。他不让德拉克马和奥波拉[1]闲置着，他把它们放给破了产的古代首领的后裔们来收取利息。金钱越变越多。随着钱财的积累，富人有了房子，有了船舶，有了田地。在这些田地上，耕种也是按照新的方式进行的。

穷人们还在用木犁耕地，用手磨研磨谷物，富人的田地上却已经有了铁铧犁，有了脱粒板，有了带着沉重碾石的磨。这个碾石由一些健壮的奴隶推着长长的把手

---

[1] 德拉克马和奥波拉都是古希腊的银币名。

转动着。

随着财富，权力也一同来了。

从前是贵族统治雅典，可是贵族的权力早已被推翻了。

如今国家的一切事情都由公民会议来决定。

而所谓公民会议——这是由那些织工、陶工、制革匠、商人和船主们组成的。

即使是古代首领们的后裔，也不得不做生意。他们也变成了财迷。他们装备船舶，把它们载满了货物，出发到海外去做生意。

不是卫城，而是市场，成了城市的灵魂。

每天早晨，人们赶到市场上去，在那里可以得知所有的新闻。

在理发店里，人们在热烈地议论雄辩家在公民会议上所发表的演说。哪儿还有比在理发店里趁理发师正在磨剃刀的时候谈话更合适的呢？

时候将近中午了，市场上的人们都到有棚的游廊下面去躲避骄阳。

在这些人中间有旅行家希罗多德。他坐在台阶上，正在跟昨天刚从远方来的船长谈话。

回到家里，希罗多德记下航海者的故事，他已经有了很多这样听来的、看来的记载和笔记。通过这些记载和笔记，他写了一本载有各个国家、民族和事件的书，这本书一年比一年厚。看了这本书，你就很容易想象，那个时候到过别处的水手们讲述些什么事。

人们知道的世界边界移得很远了，但是它的边境还被雾笼罩着。

因此，水手的故事往往不像真事，而像神话……

水手们说，远在南方，在利比亚，

住着黑人——埃塞俄比亚人。他们不像人一样地说话，而像蝙蝠那样吱吱叫。他们吃的是我们谁也不吃的东西——蛇和蜥蜴。那里有巨大的象和巨大的蛇。那里有长角的驴子，还有角向前弯一直碰到地的牛。牛吃草的时候，不得不往后退着走，免得角顶住了地。那里有阿特拉斯山，它高得使人望不见山顶，这是擎天的柱子。假使没有它的话，天早就塌了。

再远一些的地方，住着长着狗头的人。还有这样的人，他们根本没有头，可是他们又不是瞎子——他们的眼睛长在胸脯上。

东方有巨兽和巨鸟。在那里的沙漠里，跟狗一样大的蚂蚁在看守黄金。早晨，天非常热的时候，蚂蚁躲到地下去。那个机会可不能错过。趁这批蚂蚁卫兵睡觉的时候，当地居民就骑了快腿的骆驼，奔向沙漠。他们抢了黄金，驮在骆驼上，就急急忙忙往回跑。慢了是不行的，蚂蚁会从地下跑出来，拼命地追。没有比它们再跑得快的动物了，假使不能及时逃走，它们就会把人和骆驼一并咬死。

更奇妙的国度是在北方。在那里，连路都找不到，周围的一切被漫天的白色绒毛遮得一片雪白。

那里有生着羊脚的人，有长着一只眼的人，有一年里睡六个月的人，也有一年里变三回狼的人。

难道聪明的希罗多德会相信这些故事吗？

不，他把一切都记下来，但是并不相信一切。

他非常怀疑，世上是不是真有长一只眼的人，人能不能变成狼。

"这些水手，"他想，"喜欢添枝加叶——喜欢用杜撰的话来修饰他们的故事。"

也不能相信在异乡旅行中不可缺少的向导的话。

但是当话题涉及最远的地方和住在世界边缘上的民族的时候，怎样来辨识真实和杜撰呢？

比如说利比亚，或者印度，就很少有人去过。

随便哪个向导或是腓尼基水手吹牛的时候，他总希望异国人能够信以为真。但是希罗多德不像别人一样轻信旁人的话，这是个有新气质的人，他不肯轻易信任一切人。

他想核对一下那些可以核对的事情。

希罗多德出发到阿拉伯去，为了瞧一瞧那里是不是真有别人讲给他听的那种长着翅膀的蛇。据说，这种花蛇在保卫着供给芬芳的香脂的树。春天，它们飞到埃及去，但是圣鸟——朱鹭追逐它们。蛇又飞回到自己的树上去。为了赶走它们，人们燃烧香脂。蛇怕烟熏，就飞走了。

希罗多德走到了阿拉伯，可是在别人告诉他的地方，却什么飞蛇也没有看到。

希罗多德在家里翻看他的无数的记载，一堆一堆的纸莎草纸卷，他觉得又惊讶，又怀疑。

在他把一篇令人难以置信的故事搬到书里去以前，他总要考虑很久。可不要使自己成了个以说假话出名的人啊！但是遗漏掉一篇有趣的故事，也是怪可惜的。

于是希罗多德又重新拿起了自己削尖的芦苇笔。他把它在墨水里蘸了一下，就开始写字。当他写到像蝙蝠一样吱吱叫的埃塞俄比亚人的故事结尾的时候，他附加道："至少，利比亚人自己是这样说的。"

他率直地把自己的疑问告诉读者："我不知道事实是不是真是这样，我是叙述从别人那里听来的事情。"

不论在哪里，只要可能，他都要设法替那些似乎不合理的事物找出似乎合理的解释。

他经常转述一个鸽子的故事。那只鸽子飞到多度那城[1]，口吐人言说："这里应当建立一座庙宇！"他当时就解释说，这里所谓的鸽子大概是一个外国妇女，她说的别国话像鸟叫一样。

希罗多德并不是把他所听到的一切都重述出来，但是他还是很难分辨出真实和杜撰、神话和真事。

他不相信在极北的地方黑夜可以持续到六个月，但是他相信在印度有保卫黄金的大蚂蚁。

在他的头脑里，旧思想还在跟新思想做斗争，而且往往是旧思想战胜。

许多跟希罗多德同时代的科学家已经知道，河里的水由于太阳光的作用而蒸发。但是希罗多德还是照旧相信太阳是神。太阳在它天空的道路上行走的时候，感到口渴就从河里喝水。

阿那克西曼德、阿那克西米尼和毕达哥拉斯曾经研究了支配天体运行的规律和数，而希罗多德还以为，寒风可能迫使太阳在路上拐弯，因此冬天才寒冷。

那个据恩培多克勒看来是天体的东西，据希罗多德看来，却是天上的灵魂，是神明。

但是科学在干它自己的事。在希腊，按照新的方式观看并且了解他们眼里所看见事物的人越来越多了。

---

[1] 多度那城是希腊的古都，因宙斯神庙里的神谕著名。

希罗多德朗读他的著作的时候，一群一群的雅典人都聚拢来听。雅典人都十分赞扬这部科学著作是那样好听。

到处——不论是在广场上、在柱廊下，或者在体育馆——角力场里，或者在宴会上——人们都在谈宇宙、谈恒星，在争论什么是月亮和太阳。

这不是冷静的科学对话，这是关于怎样生活、怎样信仰和思想的热烈的辩论。

读者不妨出现在雅典的上流社会里，参加谈论当前的重要问题。

读者出现在雅典的上流社会里，参加谈论当前的重要问题

在雅典，伯利克里[1]将军的家里在举行宴会。客人已经吃饱了，他们在用花冠装饰自己，并且为了尊敬善良的守神在奠酒：喝一口没有掺水的酒。

舞女在女主人阿斯佩西亚[2]的暗示下退席了。吹笛的人把横笛从唇边拿开。

谈话开始了。

客人们为了什么到伯利克里家里来聚会呢？

只是为了享受一下食物、音乐、美酒和香味吗？

不！他们是为了用谈话来慰藉一下精神，为了听他们的老师——阿那克萨哥拉

[1] 伯利克里（约前495—前429），古雅典政治家，公元前444年后历任首席将军，成为雅典国家的实际统治者。

[2] 阿斯佩西亚（约前470—前410），米利都人，伯利克里的妻子。

讲话而来聚会的。

这都是他的学生和朋友。

主人——伯利克里本人常常和阿那克萨哥拉讨论国家大事。

伯利克里是雅典的首席将军、司令官和民主派的领袖，雅典人唤他作奥林匹斯山神[1]。当他站在公民面前讲话的时候，他像宙斯神那样放射着雷电。在他当政期间，雅典达到了空前的强盛。几年之内，雅典人就把自己的城市建设成世界上最优美的城市之一。

这个领袖向哲学家请教，而且用自然科学的色彩来充实他的演说家艺术。

阿那克萨哥拉也很乐意跟宴会女主人阿斯佩西亚长谈。她不像那些在后间屋子里的纺车前面消磨整日的雅典女人，她同样地理解国家大事和学者们的辩论。哲学家苏格拉底[2]常常带了学生到她那里去，为了使学生们听一听她充满才智的谈吐。

为了娶这个异国的米利都的女人，伯利克里跟他的妻子——高贵的雅典女人

离了婚。许多人为了这件事情责备他，但是伯利克里并不掩饰他对异国女人的爱慕。

在宴会上我们还能看见谁呢？

瞧，这是菲狄亚斯[3]，是一位雕刻家、画家、建筑家。他在帮助伯利克里改建雅典。

在他的指挥之下，建筑家、雕刻家、木工、铜匠、泥瓦匠、金银匠等几千人组成的大军在卫城里工作着。每一个工匠都像司令官一样，指挥着一队工人。

武装这些军队的不是刀剑，也不是长矛，而是雕刻家的雕刻刀和泥瓦匠的

[1] "奥林匹斯山神"，这一称呼常用来指仪表昂然、不动声色的人或高傲的人。

[2] 苏格拉底（前469—前399），古希腊哲学家。

[3] 菲狄亚斯是古希腊雕刻家，主要活动时期在公元前448至前432年。

小铲。他们的工作不是砍杀，把活的变成死的，而是把死的变成活的；他们把笨重的、不动的大理石块变成永远年轻的、充满活力的男神和女神的身体，轻巧而匀称的庙宇圆柱。他们强迫装饰山墙和飞檐的石头讲出无声的、浮雕的语言。

成百艘船舶把建筑用的大理石、铜、黄金、象牙、柏树、紫檀木运进雅典港口。

菲狄亚斯是这个建筑大军的统帅，他建设的不只是某一座优美的建筑物，而是整整一座美丽的城市。

在菲狄亚斯旁边的是欧里庇得斯[1]。

他也是阿那克萨哥拉的学生。他常常对别人认为是真理的事情表示怀疑。他不肯向命运和神低头。他的悲剧里的每一句话都激动着剧场里观众的心。

套在战车上的四匹马是很难驾驭的，而他驾驭的却是奔向四面八方的成千上万颗心，要叫他们都过一样的生活，都有一样的思想和一样的感情。

剧场里的观众中还有许多人信仰古代的神，他们是胆怯而迷信的。

但是欧里庇得斯把缰绳紧紧地握在手里，连最胆怯的人都不由自主地要奔向前去。最迷信的人也在重复着悲剧里的台词："假使诸神不公正，他们就不是神。"

---

[1] 欧里庇得斯（约前480—前406），古希腊悲剧作家，出身贵族，对雅典民主政治既拥护又有所不满，对神的存在公开表示怀疑，但是并不反对传统的宗教。相传写有悲剧九十多部。

伯利克里、阿斯佩西亚、菲狄亚斯、欧里庇得斯……

真是名师出高徒。

从前，首领和护卫兵在他们坚固的宫殿围墙里面宴饮。他们用成百头的牛敬神，风把祭物的浓烟和人们快乐的喧笑声、歌声送到很远。

这好像是巨人们在宴饮。

现在这里也有一场宴会。

这里集合的人也不是小人物。

难道欧里庇得斯不及阿喀琉斯？阿喀琉斯向人们挑战，而欧里庇得斯却在要求诸神答话。

至于伯利克里呢？难道他不比奥德修斯高明吗？

他统治着的不是小小的伊萨卡，而是散布在沿海岸和岛屿上的广大的城市同盟。

尽管这些人的腕力不及荷马笔下的英雄们的腕力强大，但是，他们的见识更加宽广，目光更加远大。

这些强有力的人们聚集在一起，是为了要听听他们中间最年长的人的讲话。

我们隔着时间的烟幕来辨识他们是很困难的。

他们斜躺在排成半圆形的一排床上。床边是矮桌，大杯子里是美酒，盘里满装着葡萄。

我们看见，这些谈话的人中，一会儿这一个，一会儿那一个，在改变着身体的姿势：把胳膊肘支在靠枕上，把身子转向旁边的人。他们的嘴唇在动着，我们甚至于觉得他们的问答都能听得很清楚。

不过我们只能揣测，他们在说些什么。

他们都面向着阿那克萨哥拉。

今天的话题是什么呢？

阿那克萨哥拉在向他的听众们讲宇宙。他们惊讶地得知，除地球之外，还有别的世界。这是我们唤作月亮的土地，在它上面起伏着山岳，它上面有树木和动物。

这是太阳——被旋风带动的巨大的、炽热的石头。这旋风用自己的旋转创造了世上所有的一切，它把冷的和黑暗的跟热的和明亮的分开了。

太阳在天上奔驰着，冲破以太，就像船舶在波涛上激起白沫一样。由于这种狂暴的运动，它变得更加炽热了。沿途，从它身上破裂下许多碎块，成了流星，飞向四面八方。

当这样的碎块掉在地上的时候，迷信的人久久不敢走近它。当他们好不容易下了决心走近去看的时候，发现由天而降的客人只是一块石头。

大家都在听这位哲人讲话，他看得见别人所看不见的事物。

他的智慧渗透到天空深处，在那里发现了谁都还没有梦想过的新世界……

阿那克萨哥拉继续讲话。他讲"物质的种子"，讲从物质分割成的或者形成物质的极微小的碎块。元素不是只有四种，而是无限多。

阿那克萨哥拉不相信神。但是他以为，至高的智慧应该是原始的动力，它开动世界，就像人们开动上了发条的玩具一样。

这位年老的哲人常常这样谈论至高的智慧，雅典人竟把他本人也称作"智慧"了。

假如在伯利克里的宴会上聚会的是胆怯的迷信的人们，他们一定会吓得不敢去接近那个不认太阳和月亮是神的人。他们过后一定会害怕得不敢走出大门；太阳神可能会向他们射来几箭，只是因为他们听过不虔诚的话。

但是伯利克里的客人是具有新气质的人，他们的爷爷所信仰的事情，他们能够不信。他们对一切事情都要用推理来检验。

而主人本身又是尊重人的智慧高于一切的人。

善谈的老师曾经这样讲到他的事情来教导学生。

在战争时期，有一天，伯利克里装备了一百五十艘兵船，命令战士们上了船，就准备起程。

当船上的一切都已经准备停当，伯利克里也上了他的座船的时候，发生了日食。

天变得昏暗了，大家都害怕起来，认为这是不祥的征兆。

但是伯利克里真不愧是阿那克萨哥拉的学生。

伯利克里看见舵手吓得不敢起锚，用自己的斗篷蒙住舵手的眼睛，问道：

你看了这斗篷害怕吗？

舵手觉得奇怪，回答说：

不，不害怕。

"有什么区别呢?"伯利克里问，"只有一个区别：造成日食的东西比这斗篷大……"

夜里，宴会散了之后，阿那克萨哥拉穿过在熟睡中的城市街道，走回家去。

在月色中，悬铃木上好像撒满了白色的花朵。远处，有城墙防卫着的卫城，像一个黑色的大建筑物高耸在雅典城上空。这是诸神的城堡。那里，在小丘上，是他们的庙宇。那里，帕拉斯·雅典娜[1]把她镀金的长矛伸向星空。

一切都早已入梦了。市场上显得空荡荡的。阿那克萨哥拉停住脚步，仰起头来瞧那弯弯的月牙。他凝视着，现在月牙边上出现了锯齿，在不平的银色月面上出现了山和谷的暗淡斑点。

他用新的眼光观看天空。

天空仿佛也变成新的了。

从前他也感觉到，月亮距离我们不太远，感觉到这一张银光闪闪的狩猎女神[2]的弓悬挂在很低的空中。

现在这张弓已经走向难于接近的遥远空间去了。

天空变得空荡荡了。

---

[1] 帕拉斯·雅典娜是希腊神话里的智慧女神，全身披着铠甲，曾和海神波塞冬相争获胜，成为雅典城邦的保护神。

[2] 希腊神话里的狩猎女神阿耳忒弥斯，一说就是月神塞勒涅。

在那个飞马每夜都要载走安德洛墨达和珀尔修斯的长矛要刺杀龙的地方[1]，如今伸展着空间海洋，它中间闪烁着世界的岛屿。

在这些无量数的世界上，不可能没有什么居住在上面。

阿那克萨哥拉一边沉思，一边沿着没有人的街道继续向前走。

月亮还在雅典城的上空照耀着，但是在地面上，早晨已经开始了。公鸡第一个醒来。它们此起彼落的啼声唤醒了那些用自己的手赚面包的人。

在矮小的房子里，织工、修炉匠和陶工匆忙地在黑暗中摸索着穿上鞋，就跑去上工了……鞋匠点好油灯，拿起了锥子。假使他能在日出前赶出一双鞋来，就可以赚一些钱来买大麦粉。

在武器匠黑暗的作坊里，火星四射：奴隶们使出全身气力拉风箱，扇起熔铁炉里的火焰。

女主人在推醒她的女奴们。她不叫她们的野蛮的名字，为了简便起见，她就按照她们的出生地，把她们唤作"亚细亚"或者"叙利亚"。

亚细亚！叙利亚！色雷斯！你们不要再死睡了！你们太不关心工作了！

所有的院子里都开始发出冗长的、单调的推磨声：这是妇女们在用手磨研磨谷子。

活像是呻吟的推磨声使人想起了白天的烦琐事务：这是关于面包和关于孩子们的神圣的挂虑。谷子还没有研好，而孩子们已经在要东西吃了。

农夫们从各条路上走进城，有的背上背着装满谷物的口袋，有的肩上挑着沉重的担子。筐子边上挂着一串串黑色的葡萄，还带着露水在闪闪发光。

---

[1] 据希腊神话，安德洛墨达是埃塞俄比亚公主，她母亲夸说她比海里的仙女更美，因而触怒仙女，仙女请海神用洪水淹没全境，并派海怪骚扰。她的父母为了免祸，把她送到海边，准备献给海怪。幸亏英雄珀尔修斯乘了飞马珀伽索斯路过，杀死海怪，救了安德洛墨达。现在北天星空中的仙女座原名就是安德洛墨达，英仙座原名就是珀尔修斯，飞马座原名是珀伽索斯，另有天龙座，都是根据这个希腊神话命名的。

市场上，人已经很多了。

天越来越亮了。

商人们撑起他们的帐篷，安放好藤编的货物摊。

钟声响起了，紧接着第二响，第三响。

市场上的买卖开始了……

阿那克萨哥拉不慌不忙地在市场里走着。这个城在夜里是多么神圣和寂静啊！而现在却多么喧闹。

这是卖橄榄的人，他用两手在肚前捧着他的篮子，他的头向后仰着。他努力想使自己的声音压倒别的商人的叫卖声。他那样赞美他的货物，好像希腊人从来没有吃过橄榄似的。

他的声音喊住了一个正骑着马走过市场的战士。战士用一只手拉住了马，从头上摘下了灿烂夺目的铜盔，伸向卖橄榄的人。只是一个奥波拉——一个值五分钱的银币，买卖人就在有呢里子的铜盔里装满了橄榄。

阿那克萨哥拉常常连买橄榄的一个奥波拉都没有。

从前他也有过自己的橄榄树，有过大片的田地和葡萄园。这些田地如今都长满了杂草。在荒芜已久的犁沟间，山羊和绵羊在吃草。阿那克萨哥拉在还年轻的时候就离开了他的田园和家，为了把全部精力都贡献给那唯一的事业。他不希望众多的俗世挂虑使他忘记了那最大的最主要的关注——探求真理，通观整个世界。

赞美人的颂歌

曾经有过一个时期，人们认为他们的河是世界上唯一的河。后来他们走到了赫拉克勒斯柱子[1]，走到了大洋的大门口，他们就断定洋是环绕世界的大河。他们把它唤作"洋河"，就像他们的祖先初次看见狮子的时候把它唤作"大狗"一样。

视界越来越宽了。人们知道世界上有很多河和海，但是他们以为大地一定只有一块。

往远处细瞧，他们看见天空中还有别的世界。但是他们以为，这些天空海洋中的岛屿是些妖怪——龙啊，蛇啊，飞马啊。

现在人们在设法通过思想来克服把地和天隔开的界线。

求知的智慧帮助求知的眼睛。

眼睛开始辨识离得最近的岛屿上的山和谷的轮廓。

于是阿那克萨哥拉说："月亮是土地。我们的世界不是唯一的世界。"

人在通往无限的道路上越走越远。

他初次在宇宙空间游历。他还不大识别得出大的和小的，远的和近的。

他努力设法了解，恒星离地远不远。从前赫西俄德以为，假使从天上扔下一个铁砧，它将飞九天九夜，落到地面。但是如今，人们已经知道恒星是非常远的。

但是在这个连地上的山都还没有测量过的时代，怎样来测量恒星离地的距离呢？山在人们看来比实际上高得多，那时候谁都还没有到过积雪的山顶。

阿那克萨哥拉说，太阳比伯罗奔尼撒半岛大。他还是在用地上的尺度测量天空，

---

[1] 赫拉克勒斯柱子指直布罗陀海峡两岸的岩石。希腊神话里的赫拉克勒斯在罗马神话里叫赫丘利，所以也称赫丘利柱子。前面第一章的美尔卡斯柱子也指直布罗陀海峡两岸的岩石，是根据腓尼基人命名的。

但是他毕竟已经在测量它了。

他想知道，哪一个离我们近些：是月亮还是太阳。

他想，月亮近一些。正是因为这样，它在日食的时候才遮住了太阳。

就是这样，日食像一道闪光一样，在人们眼前照亮了天空深处。

在自己家里，在地上，人也把他所能接近的世界边界越推越远了。

矿工深入到地底下许多米，去采银矿和铁矿。

在那黑暗的矿坑里点着黏土制的油灯，照亮了坑壁上潮湿而阴暗的突出部分。油灯里灌着恰够燃烧十小时的油。要不是这样，在地底下怎能知道时刻呢？那里是永久的黑夜啊。

矿石已经不像从前那样用背来背上去了，而是用木造的绞车往上吊。

而且矿石也已经不在熔坑里熔化了，它在熔炉里熔化：熔炉可以出更多的铁。

人在逐渐征服陆地和海洋。

水手们在浪涛上航行，从高加索的山里向雅典运来沉重的木头，从非洲运来象牙，从克里木运来公牛和小麦，从科尔喀斯[1]运来白蜡，从阿拉伯运来香油。

---

[1] 古希腊神话里所说的科尔喀斯（也译作科尔奇斯）是格鲁吉亚西部一带的地方。

人们越来越大胆地改造土地。

有的地方,他们挖掘通航运河,有的地方,他们建设石头防波堤来改善海岸。他们把这道防波堤建筑在很深的地方,假使有十个人,一个立在一个的肩头上,最上面的那个人还是在水下面。

在城市附近的某些地方,人们挑选了适当坡度的小丘,派给它新的任务:把它变成露天大剧场,在岩石上凿出台阶做凳子。

这些凳子上可以坐三万人,剧场依旧不显得人满。

　　人们依靠动脑筋，把无目的地躺在地底下的大理石也征服了。为了敬神而建立的庙宇里的每根圆柱，都在赞美它的创造者——人。

　　过了几百年、几千年以后，雅典人对于宙斯神的信仰都消失了，但是人们还将照旧像敬重圣物那样尊重他们的造型艺术，他们的庙宇。

　　希腊的天空很少被乌云遮住，但是在几千年的长时期里，暴风雨和坏天气一直在干它们的工作。彭泰利昆[1]的白色大理石的圆柱发黑了，变成了棕色。有的圆柱还安闲地站在那里，上面已经没有了原有的装饰柱头的雕刻。另外一些倒塌了下来，碎成几千块碎块。这不是在空气海洋里咆哮的风把它们推倒的，而是人类历史中的动乱的结果。从敌舰放出的一颗生铁炮弹一瞬间就可以造成很大的破坏，比许多世纪一切坏天气所能造成的破坏还要大得多。

　　但是这些残破的庙宇仍然会使人感觉到它们是永远年轻的，从来也没有衰老过。

　　建设的力量非常大，它比破坏的力量大得多。

　　再过许多世纪以后，人们看到那些残留下来的神像，将会想：人是多么优秀啊！

　　破坏者的名字将被人们遗忘掉，而那些曾经思索、创造和建设的人的名字将永

---

[1] 彭泰利昆山在雅典东北十六千米，以产大理石闻名。

远留在人们的记忆里。

　　作为创造者的人真是伟大！

　　他自己也知道自己的伟大。

　　在雅典的狄俄尼索斯[1]剧场里用岩石凿成的石阶上，成千的观众屏息地注视着埃斯库罗斯、索福克勒斯和欧里庇得斯[2]创造的英雄们的遭遇。观众看见俄狄浦斯或是安提戈涅[3]受难的时候，都感觉到深切的痛心。艺术的力量扩大了心灵的狭隘境界。人们的心灵在学习不单为自己想，而且还为别人想；不只过一种生活，而且过许多种生活。

　　无论舞台上上演哪一出悲剧，是埃斯库罗斯的《被缚的普罗米修斯》[4]，是索福克勒斯的《安提戈涅》，还是欧里庇得斯的《伊芙琴尼亚》[5]，观众总是被一个思想所激动，关注着一个问题：谁能战胜——是命运的盲目的力量，还是人的自由的意志？

[1] 狄俄尼索斯是希腊神话里的酒神，希腊古代在祭祀狄俄尼索斯的时候，常常表演合唱和舞蹈，希腊戏剧就是从这个起源的，所以雅典的剧场也用他的名字命名。

[2] 埃斯库罗斯（约前525—前456）、索福克勒斯（约前496—前406）和欧里庇得斯并称古希腊三大悲剧作家。

[3] 索福克勒斯写有悲剧《俄狄浦斯王》和《安提戈涅》。俄狄浦斯是希腊神话里底比斯国王，无意中杀父娶母，明了真相后自己刺瞎双目，流浪而死。安提戈涅是俄狄浦斯的女儿，因违抗新王禁令被囚，新王儿子海蒙和她相爱，赶去营救，见她已自缢，随着也自杀。

[4] 普罗米修斯是希腊神话里造福人类的神，曾从天上盗取火种带到人间，因此触怒了主神宙斯，被锁在山崖，每天遭神鹰啄食肝脏，夜间伤口愈合，天明又遭鹰啄。后来神鹰被赫拉克勒斯杀死，始得解救。埃斯库罗斯的悲剧《被缚的普罗米修斯》就是写的这个神话故事。

[5] 伊芙琴尼亚是希腊神话里英雄阿伽门农的女儿。阿伽门农因冒犯狩猎女神阿耳忒弥斯，受到报复，被迫用伊芙琴尼亚做牺牲。欧里庇得斯的悲剧《伊芙琴尼亚》就是写的这个神话故事。

瞧，赫菲斯托斯在用锤子重重地打击着，把巨人普罗米修斯钉在山崖上。

普罗米修斯把天上的火偷了来，给了人们。

命运反对他，他被钉在高加索的山崖上了。但是他没有对宙斯神、对诸神所定的法律屈服。

这是安提戈涅在牢狱里。她埋葬了她的一个有罪的兄弟，被判处死刑。她为了

爱而死。无论哪一条人们所定的法律，都不能从她的心里把爱夺走。

成千的观众在注视着这场人类的自由的心灵跟严峻的命运的权力之间的斗争。

当合唱队歌唱赞美人的颂歌的时候，喜悦的激情在一排一排的人们中间透过：

大自然里有许多奇妙的力量，
但是比人再强大的却没有。
他勇敢地在咆哮的海浪上航行，
当冬季刮着凛冽寒风的时候。
每年他都用犁开出沟畦，

在永生的地球的胸膛上面。
他用网捕捉飞得很快的鸟儿，
也捕捉住在深渊里的鱼儿。
他驯服了长鬣的马，
也把轭具套在公牛粗壮的颈上。
他不怕严寒的冷箭，
也不怕从天上倾泻下来的暴雨。
他发明了药草来对付疾病，
只有死亡他才没有力量逃避。
他创造了比风还快的思想和语言。
他建造了城市，定下了法律，

为了抵制胆大妄为的人。

他不是富于希望，而是富于智慧

和精巧的技艺。

是的，人是很有力量的，而且他已经认识自己的力量。

从前，大自然曾经支配人。当大自然皱起眉头的时候，他就吓得发抖。当大自然提高声调的时候，他就跪倒在它的面前。大自然只消吹一口气，就可以吹灭他炉子里的火，就可以把他的可怜的小茅舍吹得满地乱滚。

他曾经每天许愿，每天向大自然祈求，请它不要叫他饿死，冻死。

但是人已经成长了，他已经在跟大自然争论——谁来当家做主人。

难怪古代诗人说：

当自然想征服我们的时候，

我们用技艺战胜了它。

人吩咐水灌溉田园，吩咐风推送船舶。他强迫火去熔铁，迫使土地供给粮食和美酒。

他不放冬天的严寒走入他的家门，也不许风暴闯进有防波堤保护着的港口。

就在不久以前，除了神的意志之外，他没有别的意志。假使人们向他说："把你心爱的女儿献给神吧。"他就把女儿的嘴用布堵起，免得听见叫喊声，双手把女儿抱起，把挣扎和战栗的女儿送上祭坛。

如今，古代的信仰已经后退，变成过去
的事了。

在舞台上，国王阿伽门农[1]把他的女儿
伊芙琴尼亚献给女神，合唱队却唱道：

> 可爱的公主，你的灵魂是崇高的，
>
> 而他们——女神和命运都是邪恶。

伊芙琴尼亚被认为无罪而且被颂扬了，
恶的女神阿耳忒弥斯受到了叱责："假使诸神不公正，他们就不是神。"

从前，人顺从首领的权力。门第低微的人被判决他的命运的时候，都不敢高声
反抗。

假如他在会议上常常站起身来讲话，首领就会用王笏打他，命令他闭口："倒霉
的人，坐下，听别人说什么。"

如今，人民选举自己的首领，如果他们觉得他不中用，就剥夺他的权力。

人民也还远不是雅典的全体居民，而只是那些自由的公民。奴隶没有任何权利，
虽然他们人数比自由公民多得多。

---

[1] 阿伽门农是希腊神话里的迈锡尼王，发动特洛伊战争，并被选做希腊联军统帅。战胜归来，遭妻子杀害。

雅典的民主是奴隶主的民主。

雅典的公民常以他们的自由自豪。这种自豪感，在打仗的时候，在他们跟敌人在战场上相遇的时候，使他们的力量增加十倍。

德谟克利特

人在走向真理去的险峻道路上越爬越高。

后来，终于到了这样一个时期，人看见了自己周围世界的无限，还看见了最小的微粒——原子，是原子构成了天上的每一颗星和地上的每一粒沙。

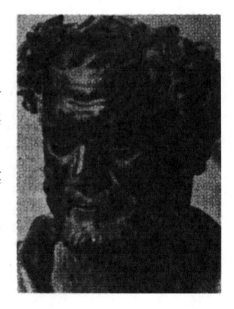

头一个把这事告诉人们的是伟大的哲人德谟克利特。

据说，他生在色雷斯的阿布德拉城。

他的父亲达马西普非常受他的国人的尊敬。

有一次在进军的时候，波斯国王薛西斯[1]暂住在好客的达马西普的富丽的家里。许多学者——术士伴随着国王。当国王离开阿布德拉的时候，他留了几个术士在那里教达马西普的孩子们学科学。

那些波斯术士，德谟克利特幼年时期的老师，对于许多事物的看法都跟希腊不同。

他们认为信神的人全是傻子。他们说，有两个世界：大世界——宇宙和小世界——人。

从这些教师口里，德谟克利特也能够听到印度哲人的学说：万物都是由最小的微粒——点构成的。从点可以组成直线，从直线组成平面，从平面组成物体。

德谟克利特还有另外一个老师能把希腊科学的奥妙泄露给他。

德谟克利特这位老师和朋友的名字叫留基伯[2]。

从他那里，德谟克利特得知了米利都哲学家关于物质是世界根基的学说。

达马西普死后，德谟克利特成了城里最富的人之一：他的父亲留给他一笔很大的遗产——一千塔兰特。

德谟克利特原本可以安安静静地住

---

[1] 波斯国王薛西斯一世（约前519—前465），公元前485—前465年在位。公元前480年曾远征希腊。

[2] 留基伯（约前500—前440），古希腊哲学家，原子说的奠基人之一。

在家里，享受着尊敬和权力。他曾经被选为执政官——政府的首脑。为了对他表示敬意，在钱币上面刻着他的名字和竖琴的图案。

但是德谟克利特没有在故乡住下去。他出去游历世界，去寻求知识。

"对于有才智的人，"他说，"整个大地都是开放的。"

他把自己生命中的许多岁月都消磨在远方的旅行上——他到过埃及，也到过巴比伦，跟埃及的祭司谈过话，也跟巴比伦的术士谈过话，还跟印度的传授学问的教师谈过话。

但是他的主要的老师还是大自然。

"在跟我同时代的所有的人中间，"他说道，"我走了最多的地方，研究了离得最远地方的现象，看见了天上地下的最广大的空间，听见了许多学者名流的讲话。"

他回到故乡的时候，成了一个很穷的人，假使不是他的兄弟收留他，他简直就无法活下去。

他把他所有的钱都用在旅行上了。他旅行不是作为一个商人，而是作为一个研究世界的人。他所租的每艘船，花了钱却带不来利润。

阿布德拉的公民们都很恼怒。他们曾经那样地尊敬德谟克利特，而他却像个轻率的年轻人，把自己的财产挥霍尽了，在到波斯和埃及去的路上把他父亲的塔兰特胡乱地花掉了。

据说，德谟克利特被告到法庭。

当他出现在法官面前的时候，他打开了一份很大的纸卷，他不为自己做辩护，却开始读他的著作。

这篇著作叫作《大第阿科斯姆》，意思是"大宇宙系统"。

法官们起初感到莫名其妙，不明白德谟克利特为什么要把这本论宇宙产生和构造的著作读给他们听。在提出的控诉案件跟他的著作之间似乎没有一点共同的地方。

但是德谟克利特展开在听众面前的那幅

宇宙的图景，是那样的美妙和雄壮，竟使原告们忘记了他们的控诉。

等德谟克利特读完以后，法官们断定，德谟克利特并没有一点违犯城里的风俗习惯和法律的行为。不错，他在旅行上花了一千塔兰特，但是他带回了另外一笔财产——知识。从来没有一个阿布德拉的商人航海回来的时候带来过这样的利润。

法官们判决：给德谟克利特五百塔兰特，而且在他活着的时候就替他立一座铜像。等他死后，替他举行公葬。

但是德谟克利特并没有打算死。他又有了钱，他依旧把它用在同样的事情上，用在寻求知识上。

这一次，他出发到雅典去。在这一城市里，著名科学家比希腊别的城市都更多。

在雅典那时候，传授学问的人有阿那克萨哥拉，有苏格拉底，还有许多别的哲学家。

德谟克利特曾经推测，他的著作的荣誉一定比他本人先抵达雅典。但是当他到了雅典的时候，才发现那里谁都不知道他。

他知道苏格拉底，苏格拉底却不知道他。

他访问了阿那克萨哥拉。老头子阿那克萨哥拉却不接受他加入自己的朋友和学生的团体。

阿那克萨哥拉觉得这个不相信至高的智慧的存在的、年轻的阿布德拉哲学家过于大胆了。

德谟克利特却用不着那个开动世界的最高力量。德谟克利特认为世界是永生的。既然世界是永生的，既然运动没有开始，那么来谈没有开始的事物的开始又有什么意义呢？

阿那克萨哥拉觉得这种思想是大胆的。

而德谟克利特却觉得阿那克萨哥拉的见解是"老头子见解"。

老哲学家们没有允许德谟克利特加入他们的团体。

然而青年人中却有不少人贪婪地细听他的每

一句话。

德谟克利特说：

> 把水倒在空的容器里，把它严密地封上。把容器放在火上，水将把它
> 爆破。

这是什么原因呢？

这是因为水和世界上一切别的东西都是由许许多多极小的微粒——原子组成的。我们看不见原子，因为它们太小了。

我们从哪儿知道它们呢？微粒既然这么小，我们不能用视觉、听觉、嗅觉、味觉、触觉来辨识它们，只能靠智慧来帮忙。

我们看见，严封的容器怎样在火上爆破。于是智慧就向我们说：发生这个现象的原因是，水的原子因被烧热而分散，挤破了它们的牢狱的墙壁。

我们不明白，庙宇里金像的手为什么逐渐消瘦而变小了。智慧也能解释这个道理：当礼拜者的嘴唇触碰金手的时候，肉眼看不见的黄金的原子就从金手上脱落下来。

像这样，明显的现象使我们有可能把目光投在不明显的事物上。

老师在讲。学生们跟着他，把目光射入看不见的极小的微粒——原子的世界里。

在那广大而空旷的空间中某一地方，原子在无秩序地飞驰着。同样的原子互相吸引，像鸟儿以类相聚——鸽子和鸽子聚在一起，鹤和鹤聚在一起。

引力弯曲了原子的路程，它们开始旋转，就像被风扬起的沙粒，或是被旋涡卷入水里的木片。

但是在旋涡里，重的东西被卷入中间，轻的东西被抛到外面。

这里的情形也相同：重的原子落入世界旋涡的中间。轻的敌不过重的，被重的推出到外面去。

德谟克利特说，原子的行为就跟人在广场上人群里的时候一样。人少的时候，他们没有障碍，可以随意游逛。但是人拥挤的时候，就开始乱推乱挤和吵架了。最有力的战胜，弱者只好退让。

落到了世界中心的重原子构成了大地，配置在周围的是比较轻的水的原子，出

现在离中心很远地方的是更轻的原子——空气。

水的原子，力图进向大地的中心，就填满了地面上的两个深洼。一个洼是周围有人居住的地中海，另外一个洼在大地的正相反对的方面。那边应该也有居民——对蹠人，这就是"脚底相对的人"。对于他们是上面，对于我们就是下面了。

大地继续不停地改变。水逐渐蒸发，露出海底来。因此直到如今，还常常在山里找到贝壳，在山洞里找到鱼和海豚的遗迹。

地在空间旋转飞驰。在途中它遇到巨大的石头——别的世界的碎块。这些石头闯入了我们的世界以后，就开始和它一同旋转。就是它们形成了天体：太阳、月亮和星。它们离地越远，就转得越快，变得越热。这正像人们为了取火，把一根小木棍插在孔里转，它就会燃烧起来，是一样的道理。

天体飞驰着，它们的运动那样快，使得它们不停地燃烧，不会熄灭。

前面有别的世界，别的天体。

这里没法找出两个一模一样的世界，就像没法找出两个一模一样的人来一样。

一个世界是阴森森的，黑暗的，没有月亮也没有太阳。

另外一个世界有两个太阳明亮地照耀着，到夜里天上升起了一排月亮。

有一些世界像春天的果树一样繁荣，另外一些世界却像受了秋寒侵袭似的憔悴。

许多世界彼此碰撞着，斗争着，就像人们彼此斗争一样。那些比较大的世界战胜，比较小的却被撞得粉碎。

可是碎块又创造了新的世界，新的大地和太阳。

那地上的生物是怎样产生的呢？——学生们问。

德谟克利特是这样回答这个问题的。

当地还不太坚硬的时候，由于热，突起许多大泡。大泡开裂，就像树上的苞蕾那样。从这些苞蕾里，走出了动物。

那些含着地的重原子比较多的生物，就住在陆地上。那些身体含有水的原子占大部分的生物就进入到水里。而那些身体里含有空气的轻原子最多的生物，变成了有翅膀的空中居民。

这种最初的动物，有许多已经死亡了。那些现在还活着的动物，有的是靠了机智，有的是靠了勇敢，有的是靠了快腿，才保全了它们的种属，活了下来。

124

从古代动物，后来产生了人。

起初，人跟野兽一样地生活。他们光着身子，没有衣服，也没有住处和火，一直在搜寻食物中过日子。他们单独出去找食物，寻找可以吃的草和生在树上的野果。

从前并没有像许多传说中所描写的那种黄金时代。那时候，人们不得不遭受很多的痛苦。比较弱的人死亡了，生存下来的是那些比较强的人。

由于常常受到野兽的袭击，人们开始互相帮助。

有了过去的痛苦经验，一到冬季他们就躲到洞穴里去，并且把不容易腐坏的果子积贮起来。

他们学会了取火，后来又逐渐开始了手工业。

蜘蛛教会了人纺织，燕子教会了人建筑房室，夜莺教会了人唱歌。

技艺和新发现不是神的恩赐。教会人做一切事情的老师是需要，这是没有例外的。

共同向野兽做斗争，把人们团结了起来。但是过了不久，人跟人之间也开始有了斗争。它的原因是嫉妒：这个人嫉妒那个人，想尽方法夺取他的所有物。为了使人们不互相欺侮，不得不定出法律。

每个人都必须服从法律。公民组成国家，正如同原子组成物质一样。原子跟整个物质相比，简直算不了什么，它服从物质的规律。

德谟克利特说，这就是为什么必须认为国家大事比其他一切事情都重要得多的道理。每个人都必须努力使国家变得美好。公民不应该谋取高于他应得的荣誉，也不应该争取大于他对公众事业所能效力的权力。按照正确道路走的国家是最大的支柱，一切都取决于它。当国家安宁的时候——一切都安宁；当它灭亡的时候——一切都灭亡。

一切都是平等的好。民主国家里的贫穷比专制国家里的富饶好，就如同做自由民比做奴隶好……

世间的万物——大地、太阳、海、山、人和人类的法律都是这样创造出来的——不是凭神的意志，而是凭不可避免的因果推演。

这就是德谟克利特在讲的事。学生们听他讲话，就跟着他一同在通向恒星和原子去的道路上游历。

他们把他的学说跟别的哲学家们——泰勒斯、阿那克西曼德、恩培多克勒的学说相比较。

他们想起，泰勒斯已经讲起过第一物质，讲起过物质。阿那克西曼德也已经补充说，物质是无限的。

阿那克西米尼的"空气微粒"，恩培多克勒的"元素"，阿那克萨哥拉的"物质种子"……研究自然界的人们越来越接近关于原子的思想了。现在米利都的哲学家留基伯和他的继承者德谟克利特终于创立了关于宇宙间原子永恒运动的伟大学说。

这个学说在许多世纪中把人引向认识宇宙的方向前进。

进步的和落后的

从前有过一个时期，人以为世界就是本国河流的流域。

后来他断定，世界就是大海，在它的周围住着人，就像池塘周围有蛤蟆一样。

以后视界更宽广了。人看见了，世界是个圆形的大地或者地球。

现在，他终于得知，世界是无数个世界组成的。

他同时也向另外一个方面前进——向物质的最小微粒前进。他已经不认为沙粒是世界上最小的东西了。

他看见过，人们怎样敲碎石头，怎样研磨谷子，庙宇里的神像的金手怎样由于无数次嘴唇的触碰而被一点点地擦掉。他看见过，最小的微粒怎样从物体脱离开。于是他就问自己：假使把物体再细分，将会怎样呢？大石头可以分成小石头，小石头可以分成更小的石子。但是这应该有个完吧？那时候，人很不容易理解，引向物质深处去的路是通向无限，永远也走不到头。所以他断定，有一种已经没法再分的小碎粒。他把它们称作原子，意思就是不可分的 [1]；世界上的万物都是原子构成的。

人初次把思想深入到不可解的世界里去，揣测到了每一件看得见的东西都是由看不见的砖头砌成的建筑物。

---

[1] 原子在希腊文里的意思是 ατομος，不可分的。

人向恒星的大世界和原子的小世界不停地前进。

但是我们现在所说的这个人是谁呢？

是整个人类吗？

不，这是不多几个思想家，他们孤孤单单地在干自己的事。他们有一些学生，但是这只是一小群人，他们在研究哲学。而周围的群众——农夫、手艺匠和奴隶——连什么是哲学也不懂。

头等人中的头等人——留基伯和德谟克利特已经看见原子了。

但是在那同一座雅典城里，在那同一个时候，随便哪个陶工或是玻璃匠还在自己的窑上挂着头上有角的萨提尔神[1]，为了请那神话里的半人半羊神把恶魔从窑旁边赶走。

在熔玻璃或烧陶器的时候，工匠像个军队司令官一样在调遣着原子。他迫使它们排成两行，变动位置，把它们解散。但是他是个盲司令官，他看不见他的战士，他甚至不知道它们存在。

他为成功而喜悦，却不明白成功是从哪儿来的。他害怕失败，却不会防止失败。

一个贫穷的歌手停在陶工作坊门前，他唱出了一支古代歌曲：

> 假如你们给我钱，陶工们，我就给你们唱一支歌。
> 亲手保护着陶窑的雅典娜啊，倾听我的祈祷吧，
> 让瓶罐盆钵都做得光出溜儿的，
> 让它们都烧得漂漂亮亮的，赚来一笔不小的利润，
> 让它们在市场上、大街上一下子就卖光，
> 让主人为了报答我的歌，从利润中赏我一点吧！

作坊里的人都在倾听这支歌。做碗的陶工停止转他的旋盘，肩上扛着一袋煤的青年站住了，正在搅动窑里煤炭的奴隶也把身子转向门口。

那个头秃背驼的老主人举起了木棍。

> 奴隶们，你们傻看些什么？你们的背上想挨棍子吗？

---

[1] 萨提尔神是希腊神话里的半人半山羊的神。

站在门口的歌手看见主人连一眼也不瞧他，他想，从这个老头子手里大概连一个奥波拉都讨不到的。于是歌词就变成了恫吓式的：

假如你们这些厚脸皮的家伙想欺骗歌手，

我立刻把陶窑的所有敌人都找来，

喂，那狡诈的摔碎神、裂缝神、炸罐神、潮土神，

喂，那个在技术界闯过许多祸的涅土神！

把陶窑连房子一起砸烂，把陶窑掀个底朝天！

把一切都破坏掉！让陶工们去叫苦连天。

让陶窑像马咬东西似的咯吱作响，

把所有的瓶罐盆钵都打个粉碎！

还有你，太阳的女儿，巫术女王喀耳刻 [1]，

抛给他一杯毒酒，让事业连工匠们一起完蛋！

还有统治主喀戎 [2]，把你的那些肯托洛伊带来吧，

包括那些躲过赫拉克勒斯的神腕的和那些挨过打的，

把周围的一切都踏坏，让陶窑稀里哗啦地倒坍！

让他们悲伤地呻吟着看这凄惨的场面吧！

但是主人并不期待怪物肯托洛伊的出现。天晓得：咒语真的会发生效力吗？老头子唉声叹气地从怀里掏出一枚钱币，丢给了歌手。

这个跟德谟克利特同时代的人，还在相信咒语、魔法和巫术的力量。

就是在德谟克利特本人的学说里，也还遗留有原始信仰的痕迹。

---

[1] 喀耳刻是希腊神话里的女怪，太阳神的女儿，会巫术，住在地中海小岛上，旅人受她蛊惑，就变成牲畜或猛兽。

[2] 喀戎是希腊神话里的半人半马的肯托洛伊怪物，他曾经教导过许多英雄。

德谟克利特不相信有神，却相信有邪恶的眼睛，相信一个嫉妒的人能够用仇视的眼睛来咒别人。

他的老师——波斯人——当他还是小孩子的时候，就传授给他巫术的秘诀。所以他一方面否定神，一方面继续相信占卜、预兆和圆梦。

人们在几千年中收集了许多征兆。这些征兆之中有正确的，也有不正确的。但是人们还不是总能分别出对的和不对的，真实和迷信。就因为这个缘故，迷信才能一直延续下来。

甚至像德谟克利特这样的一个哲人，他虽然曾经跟迷信做斗争，也还不能摆脱迷信。

他说："古时候，人们以为女巫能从天上摘取月亮和太阳。因此直到现在，许多人还把日食叫作'摘取'。"

德谟克利特努力设法找到合理的解释，但是有许多地方都还跟真理离得很远。

他想，为什么嫉妒的人有邪恶的眼睛呢？大概是从这种眼睛里放射出邪恶的光，透进我们的身体来加害我们的吧。

为什么我们会做预兆吉凶的梦呢？因为在梦里，恶的或善的形象透进了我们的身体。

这种形象不是没有实质的幻象，这是从物体分离出来的空气原子。原子进入了人的眼睛，他就看见了；原子进入了人的耳朵，他就听见了。

过了二十四个世纪以后的今天，我们会觉得德谟克利特的许多想法是天真的、纯朴的。我们现在知道，原子的构造完全不像他所想的那样。为了解释原子的行为，我们决不拿原子跟鹤来作比较，也不跟广场上的人作比较。

原子的规律跟鸟的规律或者希腊城市里的人群的规律完全不同。

但是无论怎样，我们现代的科学毕竟是从德谟克利特的学说演变下来的。

当我们阅读那些残存到现代的德谟克利特著作里断篇零缣的时候，我们还可以在这儿那儿，看到时间没有能够磨灭掉的宝贵见解在闪闪发光。

德谟克利特的不可分的原子——这不是我们现代的可以分的和不可穷尽的原子，但是德谟克利特已经正确地指示出通向看不见的微粒的世界的道路。

运动的永恒性，宇宙的无限性，世界的多样性，最能适环境的动物能活下来……

这一类在我们的科学中也采用的见解，德谟克利特已经有了多少啊。

固然他也有谬见！但是我们是不是应该为了这个来责备他呢？

他是自己那个时代最有才智的人。但是他毕竟是属于他自己的那个时代、自己的民族和自己的阶级的人。

作为奴隶主民主的拥护者的他，认为自由是自由民应该享受的待遇，而奴隶是天生就应该做奴隶的："使用奴隶，如同使用你的手或脚一样。"

他维护平等，但是同时他又认为权力不应该属于那些在希腊城市里为了反对有钱有势的人们而暴动的"平民"，那些"船民"。

不仅在原子世界里首要的地位应该属于强者，就是在国家里也应该是这样。穷人、下等人是不配有权的。

所有的有钱的奴隶主都是这样想。达马西普的儿子德谟克利特也这样想。

走入了死胡同

人在走向自由、走向支配命运的道路上，已经走得非常远了。

但是庆祝胜利恐怕还太早吧？

雅典被认为是自由人的城市。

但是为什么在雅典的街道上还经常可以遇到这样的人，他们的额上有烙印，眼睛上面有洗不掉的字句："我逃走，捉住我"。

为什么这个在辛勤地研谷子的女人脖子上套着一个轮子呢？

市场旁边这群人是做什么的，为什么他们都在瞧那高台，上面站着穿着异国服装的人，像是故意陈列给人看的？

他们强迫这些人绕着圈子跑，掰开他们的嘴来探看，又摸摸他们的肌肉。

难道是这样对待自由人的吗？

不，这些人是奴隶。在雅典，这种奴隶比自由民多。

到处都有奴隶。他们做饭、照顾孩子。他们在作坊里和建筑工地上干活。

这个脖子上套着轮子的女人是女奴。

在她脖子上套个轮子，是为了不让她把谷子送到嘴里去。

市场上的那些人陈列出来给人看，就跟别种货物一样。

一头公牛卖五十德拉克马，人稍微贵一点，一百到一百五十德拉克马。

人们出卖作坊的时候，奴隶也包括在财产清册之内：两个铁砧，三柄锤子，五个奴隶。

铁砧并不是每个人都需要的，奴隶却人人都需要。奴隶能够当铁匠，当织工，当陶工，当磨谷工人。

假使跟雅典人中最有才智的人谈一谈，他们会告诉你，没有奴隶是不行的。奴隶是有生命的工具，而没有工具难道能行吗？对于舵手，船的舵是没有生命的工具，而在船头上不眠不歇地干着的水手是有生命的工具。奴隶是有生命的财产，而且是工具之中最完善的工具。

雅典人中没有一个人想过有生命的工具这个词儿的意义。这是有灵魂的工具，是有意识的东西。这对于这种东西的所有者当然很好，但是这个东西本身在意识到自己是个东西的时候，会好受吗？

铁砧感觉不出锤击的味道，锤子也不知道什么是自由。人却能够感受，知道烦闷，自觉他的痛苦。

奴隶对于自己的痛苦遭遇感受越深，对于反抗他主人意志的愿望就越强烈。

锤子不会翻脸打在待它不好的主人头上。

铁砧不会半夜里逃出铁匠铺，躲到森林里去。

人却能够!

现在在东西和它主人之间，在有生命的工具和奴隶主之间，开始了斗争。

奴隶们暴动了。奴隶们逃出作坊，逃出采石场，逃出矿坑。那些在矿坑里干活的奴隶，一点也用不着踌躇，他们是命中注定要死的。他们在黑暗、恶臭的地缝里窒闷得喘不上气来，在那里，他们想吸到一口新鲜空气，就跟在沙漠里的人想喝到一口水一样难。

工具逃跑了。工具躲在森林和深山里。奴隶主们搜寻他们，捕捉他们，捉到之后，就给他们打上烙印。为了使东西不丢失，得用烙印来做个记号。为了不让它夜里逃走，得把它锁起来。

奴隶主把逃亡的奴隶关进箱子似的监牢里，在那里面，不能挺直腰，也不能伸直腿。

他们把活人的身体弯曲起来，就好像它真的是铁做的，就好像它什么也不会感觉到似的。

为了使逃亡的奴隶们忘记自由的滋味，奴隶主们把他们一对一地连在一起：把两个脑袋挤进一个木枷，把两个人的脚捆在一起。一个奴隶站起来，那个奴隶就要跌倒。

这是雅典人干的事情，就是那些雅典人，他们是那么喜爱自由，那么赞叹人类身体的和谐！

他们不明白，对于他们本身，对于自由人，在奴隶制里隐藏着多大的危险。

为了获得奴隶，需要发动新的战争，而战争的代价是很高的。有多少雅典的自

由公民死在陆战和海战中！而且每一次战争都带来毁坏。

奴隶越来越多了，自由民却越来越少了。

而且战争并不是对每一个人都有利的。有些人变得比以前更富有了，有些人除了伤痕和残疾之外，却什么也得不着。

往往是这样，一个雅典自由公民回到了家里，既没有粮食，也没有活干。

不论是谁，购买有生命的工具总比雇工人上算。所以作坊里带进一个新奴隶，自由工人就不得不卷铺盖走人。

在雅典，失业的人一年比一年多起来。他们除了自由公民这一个骄傲的称号之外，就一无所有了。他们每天都需要解决一个困难的问题，怎样在这骄傲的称号下得到几个奥波拉。

假使今天举行公民会议，那么事情就容易解决。每开一次大会，政府付给他们每人三个奥波拉。用这点钱，至少可以吃顿饭。人们就在那个地方吃喝，在演说、口哨声、呼喊声、鼓掌声中吃喝。

但是这种幸运的日子是不常有的。

雅典人拼命地想：今天有没有什么新的演出呢？政府把看戏的钱发给贫穷的公民。那么今天戏院里会不会把埃斯库勒斯的悲剧换一个叫人更加满意的戏呢？

但是今天没有演出。雅典人于是走向法院去。那里，一早就拥挤着人群，这些都是希望在抽签挑陪审官的时候够抽中的人们。雅典人挤入人群，向神默祷，求神踢给他一根幸运的签。当陪审官也可以领到三个奥波拉，既可以饱吃一顿，而且是光荣的！

但是命运并不总是照顾他。不是每一个人都能当上陪审官的，不过雅典的自由公民至少在法庭上还有权做原告。

有些人就设法把这也变成了有利可图的事。他们用告发来恫吓人，那个人就不得不用金钱来摆脱他们的纠缠。可是这些诽谤别人的人还在大言不惭地说，只有他们才关心社会福利。

就像这样，这些自由的雅典人在失业以后，竟把自由当作了职业。

游手好闲、饥肠辘辘、怨天尤人的人们整天在大街上和市场上徘徊。

他们皱着眉头怒视那些午后出来散步的有钱的公子哥儿们。

瞧，这里有个公子哥儿在赴他的朋友的宴会，从他身上就像从装着香水的瓶子那样散发出香气。他的斗篷至少要值二十个德拉克马，用这些钱差不多可以维持生活三个月。奴隶们带着折椅跟在他后面，让他可以沿路休息。显然像他这种人，不但是手，连脚都不会干活了。

这里是另外一个公子哥儿。他被轿子抬着走，他轻蔑地把背转向平民。据说，他的钱没有数儿。他从罗德订购来蜂蜜，从基齐克订购来狗，从图里乌姆订购来香水。

在他的家里，连墙上糊的都是珍贵的波斯壁纸。

他没事可干，所以养了许多猴子，教它们耍各种把戏。

这就是建筑在奴隶制上面的自由：它把一些人弄成失业的，把另外一些人弄成没事可干的。

失业的人憎恨没事可干的人。城里有了两座城——饥饿的和饱食的。

饥饿者的愤怒逐渐增大，于是在公民会议上引起了骚动。

怎样平息这种骚动呢？

把失业的人派出去建筑卫城里的庙宇和城市周围的城墙。但是难道所有的失业的人就都能找到活干了吗？

何况雅典人已经不喜欢干活了。

自从他们有了奴隶之后，就开始认为劳动是奴隶的事情。

从前，人们曾经说，神不爱游手好闲的人。神喜欢劳动的人。人的一切财富都是用劳动换来的。

但是现在，人们却开始瞧不起劳动了。

他们断言，劳动毁损精神和肉体："人们整天坐在那里干活，就会变成驼背。他们没有工夫去想国家大事，也没有工夫振作自己的精神。当肉体衰弱的时候，精神也就丧失了自己的力量。"

劳动把人变成了人，而人却开始瞧不起劳动了。

双手教会了头脑思想，头脑却开始轻视双手了。甚至连最有才智的人都不用实验来检验自己的思想了，这就妨碍了科学的前进。

有些人只管思想，另外一些人只管干活。手不帮助头脑，头脑也不帮助手。

科学家不屑研究机械学，因为造机器得用手干活，而这是奴隶们的事情。

但是要建造堡垒、船舶、战争机器，又必须用到机械学。

于是科学家在解机械学题目的时候，就声明，他们这样做只是为了消遣，或者只是因为国家当权的要求他们这样做。

人们原来要走向统治自然，走向自由，结果却走入了死胡同。

出路在哪儿呢?

出路是消灭奴隶制度。

但是人们不明白这个。做这件事的时机还没有到来。人们认为，没有奴隶制是不行的，这是自古以来神所规定的。

逃到哪儿去躲避饥馑和贫穷呢?

到别国去吗?

于是从港口开出了载着移民的船舶。

人们在家里没有找到幸福，就到海外去找，好像他们没有什么可以失去的。但是他们本来还有祖国，如今他们却连祖国都失去了。

对那些像雏鸟挤在母鸟的身旁一样挤在卫城脚下的房屋，他们从海上瞧了最后一眼。在这些房屋之中，也有被他们遗弃了的房子。城市越离越远了。帕拉斯·雅典娜的金矛还远远地在庙宇上面闪烁着。现在，连它也逐渐暗淡了。

自由民失去了他们的故乡，原因是他们的故乡里奴隶太多了……

人们回顾过去

人们越来越经常地回忆过去，他们觉得从前的日子比现在好。

那时候，真理的女神还住在地上，而不是在天上。那时候没有奴隶制，没有富人，也没有穷人。

在狄俄尼索斯节日，人们唱着赞美黄金时代的歌。

这支快乐的歌曲叙述地面上还没有战争的那个时候，自然界充满和平的气氛。人世间没有疾病，大自然供给人们所需要的一切。

小河里流着的不是水，而是金黄色的美酒。甜蜜的包子要求人们：把我们中间炸得焦一些的拿去吧。鱼自己爬到桌上来说：请不客气地吃了我吧。从树上落下来的不是树叶，而是炸好的百舌鸟。

歌声越唱越高，合唱队重复那叠句:

在那个世界上没有看见过奴隶，

也从来没有看见过女奴。

　　歌曲是很愉快的。但是人们却为了心中不愉快才唱它。显然他们不是每天都能吃饱的。

　　他们一生下来就已经注定，不是在黄金时代，而是在铁器时代。

人像这样回顾他从前走过的道路，他已经看不出他是从哪儿来的了。他忘记了石器时代的贫困，他还以为石器时代是黄金时代。

尽管这只是个幻想，但是幻想也有力量。人初次开始幻想那黄金时代。

他重复那叠句：

> 在那个世界上没有看见过奴隶，
> 也从来没有看见过女奴。

这个幻想、过去的幻象向他的心里注入了希望，给了他活下去的力量。

幻想产生出来以后，就不再死亡了。它成为上百万人的信仰。人们看见，黄金时代并不是在后面，而是在前面。这种对于黄金时代的幻想，将成为人们走向美好时代的漫长而艰苦的道路上的旅伴，那时候大自然将服从于人类，那时候世界上将不再有战争，那时候地球上的每一个人都将是自由的人。

至于现在，人还是住在铁器时代里。

生活一年比一年困难。雅典很不安宁，不平的人们的怨声越来越响了。人越来越经常地回顾过去，他们说，不要说黄金时代，就是祖父和曾祖父时代的生活都比现在好。

雅典自由的敌人很乐意重复这几句话。

"奥林匹斯山神"伯利克里越来越难压制这种不是在大海上咆哮，而是在召开公民会议的日子里在普尼克斯山 [1] 上咆哮着的风暴了。

伯利克里有很多敌人。

他出身贵族，但是贵族们不喜欢他，因为他转变到平民那边去了。古代首领们的后裔憎恨那些在普尼克斯吵吵嚷嚷的、各个氏族的人群——所有那些织工、陶工和制革匠。

当贵族企图把政权重新夺到手的时候，人们要求放逐他们。人们把他们的名字写在陶器破片上。假如在大多数破片上刻画出"放逐"两个字，那么被判决的人就不得不离开雅典整整十年。

---

[1] 普尼克斯山是古希腊雅典城邦公民会议会场所在地。

但是许多人不等别人把他们赶出雅典，他们就自己离开，到那古代风俗习惯还没有被遗忘掉的地方去。

在山坡那边，在斯巴达，人们还按照旧习惯生活，就像他们的曾祖父辈所过的那样。养活他们的不是大海，不是手工业，不是商业，而是被强制的农夫——希洛人[1]——的手耕种的土地。在那里，门第低的人服从神和英雄们的后裔。

甚至那里的钱都和曾祖父时代的一样，

还是需要用犍牛来载运的大铁块。但是这种铁块经常堆成一堆搁在家里：因为很少使用它们。

斯巴达怒视着雅典。斯巴达人常常问自己：雅典已经统治了几十个城市，万一他们统治全希腊，怎么办呢？那时候，旧秩序就完结了。连山都抵挡不住时间的洪流。它将闯进来，把所有的古代风俗习惯和规矩都冲得无影无踪。

斯巴达和雅典之间的仇恨，陆地和海之间的仇恨，过去和现在之间的仇恨，一年一年在增长。

斯巴达拿出了全部力量，支援雅典人民的所有敌人，支援那些为了争夺海

---

[1] 斯巴达国家是在多利安人侵入后征服原有居民的过程中形成的，斯巴达人把原有居民大部分变成了奴隶，称作希洛人。

上霸权而跟雅典做斗争的所有城市。

但是雅典的敌人就在雅典国内。那就是那些不平的人们，就是那些过苦日子的人们。

斯巴达像个勤快的铁匠，在扇旺正在燃烧的不平的火焰。

在公民会议上，那些反对民主、反对伯利克里的人的声音越来越响了。

可在公开的战斗中，难道能战胜这个"奥林匹斯山神"吗？敌人们因此不向堡垒冲锋，而选择迂回攻击。他们不对伯利克里本人，而先从他的朋友下手。

伟大的雕刻家菲狄亚斯入狱了。人们控告他，说他在雅典娜的盾牌上雕了他自己的像和伯利克里的像。他竟把凡人放在永生的神中间了！

菲狄亚斯死在狱里了。他们收拾了伯利克里的朋友，又着手收拾他的妻子，异国女人阿斯佩西亚。

他们用什么罪名控告她呢？

还是用那同样的罪名——对于古代风俗习惯和古代神明的无礼和不敬。

伯利克里在城里到处奔走，低声下气地求雅典人饶恕阿斯佩西亚。他费了九牛二虎之力，才把她救了出来，但是敌人们仍旧不肯罢休。

给普罗米修斯铐上了枷锁

先知狄俄彼夫在公民会议上站起身来。大家都知道，这个人会对每个人都提出不敬古代信仰的控告。人们老是在庙宇门廊里看见他，他把供物——一只公鸡或小猪——递给仆从以后，就喃喃地流利地念起祈祷文。他对所有的男神和女神——不管是大的、小的——都表示敬意：无论是住在埃庇丹努的阿斯克勒庇俄斯[1]，或是他的母亲科洛尼斯，或是守护女神雅典娜，或是强大的基普利德，或是阿波罗，或是潘娜西亚[2]，或是厄庇俄涅，或是玛卡翁，或是波达利里俄斯[3]。

狄俄彼夫相信所有的预兆，比如说羊生下了独角的小羊，他就预言城市要灭亡。

现在这个阴沉的人站了起来，开始提出不尊重智慧的控诉。

他是在控告阿那克萨哥拉。

他说，阿那克萨哥拉到处喋喋不休地谈论全能的神按照他们的神圣意志创造出来的天空现象。阿那克萨哥拉在探测神所不愿意泄露给人们知道的天机。他渴望知道地下的和天上的事情，他竟敢说月亮是土地。对于他，太阳不是神，而只是一块

[1] 阿斯克勒庇俄斯是古希腊神话里的医药神，有起死回生的本领。下面提到的厄庇俄涅是他的妻子。

[2] 潘娜西亚是古希腊神话里能医治百病的女神。

[3] 玛卡翁和波达利里俄斯都是古希腊神话里阿斯克勒庇俄斯和厄庇俄涅的儿子，也精于医理。

石头。他想不用最上等的原因而用最下等的原因来解释一切。他的行为是有罪的，他想知道很多事情，他不承认全城人都承认的神，而且还教别人这样做……

在公民会议上，伯利克里的敌人、反对一切新事物的人占了上风。

伯利克里改建了雅典，但是琢磨石头还比琢磨雅典人的心灵容易些。

在这些心灵里，顽固不化的旧信仰还是根深蒂固的。

在下面的地面上，几世纪来一切都已经改变了。但是在奥林匹斯山的山顶上，诸神还是跟古时候一样，照旧的方式生活着。在那里统治着的是宙斯神，周围都是他的亲属。

雅典人早已推翻了贵族的权力，这些贵族都是诸神和英雄们的父亲——宙斯神——传下来的后代。但是雅典人还继续在庙宇里给宙斯神上供，像给君主进贡一样。

普罗米修斯又重新在给人们送天火。

于是又重新按照宙斯神的意思，给普罗米修斯铐上了枷锁。

阿那克萨哥拉被关在牢狱里。他把头裹在斗篷里，躺在那里。他静静地等待死亡。

他知道：人们能够把他阿那克萨哥拉打死，但是不能把真理打死。而阿那克萨哥拉已经把他所有的一切都献给不死的真理了。

突然，沉重的门打开了。

阿那克萨哥拉的学生们走了进来。

他们说，是伯利克里派他们来的。

狱官已经贿赂好了，赶快逃命吧！船已经等在岸边。

风鼓满了船帆，从希腊的岸边送走了希腊人称作自己的"智慧"的人。

第四章

人开始怀疑自己的力量

人向着自由、向着真理、向着支配自然界的方向披荆斩棘地前进，越来越困难了。

他以为他已经得到了自由，但是自由同奴隶制度一起落到了他身上。

他觉得他已经在接近真理，但是在走向真理的途中竖起了迷信和偏见的高墙。

他曾经夸耀自己的财富，但是财富和贫穷携手来到了他的面前。

他学会了炼铁，而他用这种铁制造的不仅仅是犁，而且还有剑。

他在地上种植了许多葡萄树、橄榄树，但是接着又着手把它们砍掉烧光。

他征服了海浪，强迫风吹送船舶。但是在他控制了大海之后，自己又打沉了那么多的船只，而海浪和风却从来也没有打沉过那么多。

他有过很多敌人。在他还很渺小、还没有武装起来的时候，野兽袭击过他。山上崩下雪来把他埋掉，地在他的脚下裂开。但是他从来没有遇到过比他自己更大的敌人。

他的整个生涯——这不仅是人跟自然之间的斗争史，而且也是人跟人之间的斗争史。

将来总有一天，将不再有这种纷争，那时候，成为巨人的人将用全力来对付还不驯服的大自然的力量。

而在目前，他正在艰难地前进着，跌跌撞撞，有时还迷失道路。他不时回头看，但是回去是不可能的了。

有这样的时候，他对自己的力量丧失信心，开始怀疑起自己来。

在狄俄尼索斯剧场，那里曾经洋溢过赞美人的颂歌，如今却在嘲笑人和嘲笑他的智慧。

瞧，舞台上是"思想之宫"——思想家的家。学生们站在屋前。一个学生在注视着地。他在那里寻找什么呢？有一个人猜，他在找"蒜"。不是的，他在研究地府深处——地底下的世界。

另外一个学生在演算题目，假使跳蚤不跳而走的话，跳蚤跳一跳，将合多少跳蚤步。

思想家本人也出现了。观众哄堂大笑，他们认出了他，这是雅典无人不知的哲学家苏格拉底。他乘在筐子里，在空中飞翔着研究云彩，而他自己却连吃顿晚饭的一个奥波拉都没有。

喜剧的作者阿里斯托芬[1]在嘲笑谁呢？

苏格拉底像

他在嘲笑忘记了地上事情而只在云中飞翔的哲学家们。他也在嘲笑那些认为蒜比地下深处一切奥秘都宝贵的庸人们。

人在痛苦地嘲笑自己，怀疑自己的力量。

当灾祸一个接一个地在途中窥伺着他的时候，他怎么不怀疑呢……

阿里斯托芬像

恐怖的时刻终于降临到了希腊——到这个艺术和科学的王国。

战争一场接着一场，随着造成破坏和大火。

是谁跟谁打仗呢？

所有的人跟所有的人打仗：奴隶跟奴隶主，穷人跟富人，贵族跟平民，沿海城市跟农业城市。人们不仅斗剑，而且还斗思想。有的人号召大家回去——回到过去的狭隘闭关的世界里去，有的人捍卫着那种混合了各个种族、扩大了世界围墙的新制度。

战争以燎原之势在地上蔓延，驱赶着大群的难民。人们急忙把自己的孩子和衣物藏到石头城墙里面去。

---

[1] 阿里斯托芬（约前446—前385），古希腊喜剧早期代表作家，著有喜剧《云》等，苏格拉底乘筐子是《云》里的一个场面。——译者注

但是房子不够全体人住，成百的家庭都不在屋里过夜，而在帐篷里、在庙宇的台阶上或者就在露天的地上过夜。

食物不够吃。当城墙还完整、城门也闭得严严的时候，饥饿头一个闯进了城。

海外的客人——瘟疫——跟在饥饿后面来到了。它也不怕门闩和城墙。它在大街上那些躺在地上睡觉的人们中间徜徉。它在市场上的人群里挤出挤进。只消它一碰，只消它吹一口气，就可以致人死命。对于它，所有的人都是平等的——不论是奴隶，是自由民，是富人，还是穷人。它会弄死年小的，留下年老的。它在大战的前夕害死司令官，它迫使守财奴一天到晚点数着金子的手松开来。

在大街上，尸首挡住活人的路。濒死的人竭尽全力想爬到泉水边上去，为了最后一次解一下难耐的口渴。

人们跑到庙宇里去，但是神不听人们的祷告。石头的神的心是石头做的。

人们去问神谕，但是神谕是暗昧的、含糊其词的。

信仰神的人不再尊敬神了。

而崇拜智慧的人变得迷信了。

阿那克萨哥拉的学生保利克里临死前把香袋挂在自己身上，好像香袋能把他从瘟疫里解救出来似的。

武器匠们欢迎战争：战争对于他们是节日。商人们把粮食藏起来，以便高抬粮价，而且放出谣言，说运粮食的船被敌人劫走了。

146

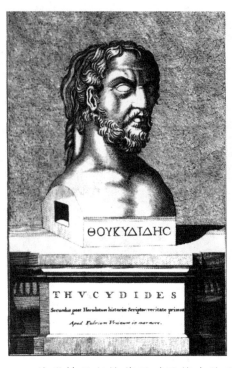

历史学家修昔底德[1]惊讶地打量着同时代的人变得认不出来的脸庞。

于是在他的编年史里出现了忧伤的字句：

不知道以后将是怎么样的人们，不再尊重神和人的规定了……

如今，每一个人都敢于轻松地干起从前不敢公开的事……无论是对神的畏惧或是人的法律都丝毫不能控制住人们，因为他们看见，一切都同样要灭亡，所以他们认为，他们敬神或不敬神反正一样。谁也不指望能够活到因为他的罪名而在法庭上挨罚的那个时刻。对于现世的恐怖已经掩蔽了对于将来的恐怖，因此所有的人都尽力设法在死前能在生活里捞到点什么。

人们还没来得及从一场战争喘过气来，另外一场战争又开始了。敌军的进犯变成了同一城市里的公民之间的战争，人们在大街上和在房屋里互相杀戮。厮杀的不仅是男人，也有妇女。妇女们爬到屋顶上去，用冰雹般的瓦片来迎敌。

在米利都的街道上，孩子们像活火把那样燃烧着，他们身上涂了焦油，为了使他们烧得更旺一些。贵族们就是这样报复平民的。

一切都毁坏了。田地成年没有人耕种，橄榄树来不及结果实，因为它们被侵入国境的敌军连根砍除了。

人们在问自己：这种灾难是从哪儿来的呢？

有些人还说：一切都不好，因为人不好。

另一些人说，过错不在人的本性，而在人的法律和规定。于是哲学家们就想试着建立一个公正的国家，即使不是建在地面上，就是建在书本上也好。

---

[1] 修昔底德（约前460—前400），古希腊历史学家。伯罗奔尼撒战争中他曾任雅典将军，因作战不力被放逐，二十年后返回雅典。他著有《伯罗奔尼撒战争史》一书。

但是什么是公正的，什么是不公正的呢？

哪里是善，哪里是恶呢？

每个人都按照自己的见地来回答这个问题。奴隶叫作恶的，自由民却叫作善。在贵族看来是公正的事情，在出身平民的人看来是不公正的。

老师们向学生们说：没有一切人共同的公正，每个人都把对他有利的事情认为是善的。

许多人开始怀疑一切了。假如每个人都有他自己的一套真理，那么怎样分别虚妄和真实、智慧和愚蠢呢？而且还能不能认识真理呢？每个人的看法都是不同的。我们的眼睛看石头是白的，但是实际上它真是白的吗？也许构造和我们的不同的另外一种眼睛会觉得它是黑的。

还有一种人，他们甚至怀疑世界上根本有没有东西。他们说，也许我们仅仅是感觉到这块石头的存在吧？

而且即使它存在，我们也永远不能知道它是什么样的。而且即使我们能知道，我们也不能把这件事情说给别人听。

每一个问题都变得似乎不可解了。

人类的智慧发觉了自己的弱点，于是就拒绝去了解随便什么事情了。

误入歧途

甚至雅典人中间最有才智的人都说，他们什么也不知道。"我知道，我什么也不知道。"这是哲学家苏格拉底爱说的话。

他的学生们这样叙述他的事情。

头一次看见苏格拉底的人很难相信,这个赤着脚、披着褴褛斗篷的老头子就是鼎鼎大名的苏格拉底。从外表上看去,他像那些在每一座房子里都可以看到的腆着肚子、秃着脑袋、翘着鼻子的赛利纳斯神[1]的偶像。

苏格拉底教些什么呢?教哪一种学问呢?

他肯定地说,他没教过谁,也没教过什么。

在喜剧《云》里,阿里斯托芬强迫苏格拉底坐在筐子里,悬在天和地中间,研究星的运动,其实这是冤枉的。

苏格拉底并不认为把时间消磨在研究天空上是必要的。他不相信研究自然的科学。难道科学会使人们幸福些吗?人们知道不知道天体是怎样构成的,反正一样。阿那克萨哥拉曾经想弄明白这个问题。这个年老的疯子曾经断言说,火和太阳是同一样

---

[1] 赛利纳斯是希腊神话里众神使者赫耳墨斯(一说是畜牧神潘)的儿子,他的形象是一个短壮秃顶多髯扁鼻的老头儿,做醉酒状。

东西。但是他没有注意，人们能够看火，却不能看太阳。

苏格拉底有学生。

在雅典有不少著名的诡辩派[1]学者，他们是有才智的教师，他们向学生收取很多学费。

但是苏格拉底却允许富人和穷人免费向他提问。不过他自己提问的次数比回答的次数多。他不是在教别人，而是在自己学习，在寻求真理。他乐于找到一个比他知道得多的人。

有一次，他的一个朋友到德尔菲的阿波罗庙宇去问女先知——女巫道："世界上有没有比苏格拉底更有才智的人呢？"女巫回答说，一个也没有。

别人把这件事情讲给苏格拉底听。

苏格拉底非常惊讶和不安：

> 女巫在说些什么啊？我根本不是有才智的人。

他好久都想方设法去理解女巫这句话的意思。最后，他决定去漫游世界，寻找真正有才智的人。

苏格拉底从政治家那里走到诗人那里，从诗人那里走到艺术家那里。但是到处的情况都一样。他们每一个人都精通他自己的一行：一个人会在公民会议上演说，另一个诗写得好，第三个是个熟练的雕刻家。但是每个人掌握了他自己的一种技艺以后，就都认为自己在其他一切方面也是有才智的，而这就正妨碍他成为一个真正有才智的人。

苏格拉底就这样在雅典的大街上徘徊，考验和询问人们，寻找真正有才智的人。

现在苏格拉底走进了角力场，青年们在那里做体操。他们高兴地欢迎他们的老

---

[1] 关于诡辩派，见第 170 页脚注。

朋友。苏格拉底坐到凳子上，他们密密层层围住他。谈话开始了，跟平时一样，话题又是关于对每个人都重要的事情。

"告诉我，"苏格拉底向最年幼的克里尼斯问道，"所有的人真的都希望自己幸福吗？或许这是一个可笑的问题？也许问这个问题是太愚蠢了？哪里有人不希望自己幸福的呢？"

"当然了，没有这种人。"克里尼斯回答。

"但是什么是幸福呢？也许你会说，是财富吧？"

"是的，"克里尼斯说，"是财富。"

"但是幸福不仅是财富，还有健康，还有力量。"

"对的，这也是幸福。"

"还有荣誉和地位呢？在自己的祖国做个出名的人难道不好吗？"

"当然，不坏。"

"唔，那么做一个勇敢的人——好不好？"

"我认为很好。"

"这样说，人算是幸福了，如果他有了所有这些好事：财富、健康、力量、荣誉、勇敢。但是告诉我，人在什么时候比较好过日子：是他手里的东西对他有用的时候，还是没有用的时候？"

"在有用的时候。"

"可在人不用那些东西的时候，它们对他有用吗？你想，木工得到了材料和工

具，但是他什么也不制造。那么他得到的东西对他有用吗？"

"不，没有用。"

"唔，那么，财富和我们所说的所有其他的好事呢？假使人有了它们，却不用它们，那么它们对他有用吗？"

"不，没有用。"

"这样说，人不仅是有了这一切好事就行了，他还得使用它们，是不是？"

"是的，我觉得是这样。"

"那他应该怎样使用它们呢：正当地，还是不正当地？假使木工不正当地使用工具，他只能损坏材料。这比他根本不使用它们还要糟。"

"是的，当然是这样。"

"唔，那么为了正当地锯和砍，木工需要什么？或者为了吹笛，吹笛人需要什么？或者为了雕刻人像，雕刻家需要什么？需要掌握自己的专业知识，对吗？"

"对的。"

"那么，你看，我们所说的一切好事——财富、健康、力量——本身并不是好事。只有当知识支配着它们的时候，它们才是好事。假使愚昧支配了它们，它们就是邪恶了。这话对不对？"

"似乎真是像你所说的那样。"

"怎样做结论呢？是不是世上既没有什么善的，也没有什么恶的，只有才智是善，只有愚昧是恶？"

苏格拉底就像这样跟他的学生谈话，他教他们寻求真理，先从个别推到一般，然后从一般推到个别。

不会吹笛的笛手，或者不知道怎样雕刻人像的艺术家，或者不能掌握自己的工具的木工——这些都是个别的情形。

但是一般的结论是：光有笛子、雕刻刀、斧子是不够的，还得知道怎样使用它们。

知识——这才是支配一切的东西。

从这里苏格拉底又说回到个别的情形来。光有财富、健康、力量、勇敢是不够的，首先应该有知识和才智。

152

一个问题接着一个问题，一步跟着一步——现在对话的人在自己的思想里发现了矛盾。

他刚刚明白地说，力量是好事，现在他已经在承认，力量也可能是邪恶。

两个对立的见解冲突了。

而真理是：力量可能是邪恶，也可能是好事，就看是才智在支配它，还是愚昧在支配它。

跟苏格拉底谈着话，青年们在学习推理和思想，在学习揭露矛盾和寻求真理。

苏格拉底跟他们一同寻找真理。但是推理的本领对于他不是目的，而只是手段。他的目的是要知道，哪里是真实，哪里是虚妄。

苏格拉底认为，地上已经再也找不到公正了。正直的人在死亡，不正直的人却在庆祝胜利。到处都是贪婪和仇恨，人们不再听见真理的声音。他们像野兽一样互相残杀。

现在苏格拉底又在重新寻求真理。

他在大街上行走，向每一个人说：

最可尊敬的先生们，身为雅典的公民，以心灵的才智和力量出名的伟大城市的公民，你不惜东奔西走，为了荣誉、地位和金钱，想尽可能多获得一些。但是为了智慧、真理和精神，为了使它们变得尽可能好一些，你却既不奔走，也不关心。

他在市场上向人们说这些话，那时候人们却正在忙于考虑买卖怎样做才比较上算。

他也在宴会上说这些话，在那种宴会上，有的人以他能言善辩的口才在炫耀自己，另一个人又为了最后几次选举中的成功而扬扬得意，第三个人认为自己是高于一切的人，因为他的马在竞赛中得了胜。

人们都躲开苏格拉底，但是他纠缠不休。他认为这是他的责任——不让人们安静，唤醒睡着了的良心。

"你们反省一下，"他说，"认识一下自己吧。即使一次也好，想一想你自己而不是你的事物，想一想城市本身而不是属于城市的事物。"

苏格拉底爱自己的城市。跟别的许多人一样，他也回顾过去，觉得从前他的祖国日子好像要好过一些。商业使人们堕落了，手工业和科学没有给予他们幸福。雅典人一向自负他们的自由，但是他们在财富面前卑躬屈节。前面看不见出路，那么往后退，回到祖宗——严峻的农夫和战士们——的遗教那里去不是更好一些吗？

苏格拉底就像这样论断，因此贵族家庭里的青年们乐于听他讲话。

"回到父辈的制度去！"这是他们在他们的团体——秘密会社——的会议上谈论的事情。父辈的制度只有在斯巴达一个地方保留着，因此他们认为在跟他们的祖国打仗的斯巴达是值得在各方面仿效的。他们甚至设法使外表都像斯巴达人：披粗糙的斗篷，留长长的头发，蓄起蓬松的大胡子。他们之中的某一些人还秘密地跟敌人通消息。

苏格拉底完全不属于这个贵族阶层，他是雕刻匠索夫罗尼斯克的儿子。他年轻的时候，曾经手持雕刻刀干过活。他雕刻的美惠三女神[1]像到现在还立在卫城里。

但是他放弃了父传的手艺。他认为手艺匠的劳动使精神逐渐衰弱，而且留下来关心国家大事的时间太少了。他认为，在雅典，由手艺匠——织工、制革匠、陶工——在公民会议上决定国家大事是不对的。制革匠能管得好国家吗？只有研究过管理学的人们才适宜干这件事。

苏格拉底嘲笑科学家。他说，他们彼此之间不和睦，像疯子似的你看着我，我看着你。有的人认为，存在是唯一的，另外一些人认为，存在的多样性是无限的。有的人断言，一切都产生和灭亡，另外一些人断言，从来也没有什么东西产生和灭亡。他们想懂得自然界的现象，但是当他们需要的时候，能够呼风唤雨吗？人不能理解神的事情，而且那个想把神希望瞒住人的事情揭穿的人，也不会使神高兴的。

---

[1] 美惠三女神是希腊神话里代表妩媚、优雅和美丽这三种品质的三位女神的总称，相传是主神宙斯的女儿。

应该研究什么呢？应该研究的不是神的事情，而是人的事情，不是大自然，而是人的心灵。认识自己吧！只有这种知识才能给人们带来好处。

周围的人已经不再分辨善和恶、公正和不公正了。

出身富有和贵族家庭的青年喜欢听苏格拉底的话。

这个手艺匠的儿子，这个披着褴褛斗篷的穷人，这个曾经屡次勇敢地为自己的祖国打仗的老兵，这个众人中间最清廉的人，竟糊里糊涂地做了傲慢的野心家们、自私自利的人们和卖国贼的老师。

终于发生了他们所希望的事情：斯巴达战胜了雅典。讲和的条件是雅典人必须恢复父辈的制度。

掌政权的是支持斯巴达的人——贵族。不再是成千的商人和手艺匠，而是三十个僭主统治了这个城市。这"三十僭主"中为首的，是苏格拉底的学生克里底亚和哈利克勒。

苏格拉底曾经跟克里底亚、哈利克勒以及他们的朋友们谈过关于公正、真理、良心的那些话，现在似乎正应该结善果了。

但是在雅典，已经不再谈论什么公正了。

僭主们残酷无情地向他们的敌人报复。有时候，他们把没有一点罪的公民判处死刑，只为了要占有他们的财产。

他们命令苏格拉底和四个别的公民到萨拉米斯[1]岛去，把著名的雅典人列昂提斯从那里带回来。

列昂提斯逃到萨拉米斯去，是为了保全自己的性命。他知道，克里底亚和哈利克勒想处死他，好夺取他的财产。

苏格拉底——这些人中间的一个——拒绝履行不合法的命令。他坦白地叱责他不久以前的学生们。他说，这是坏的牧人：他们想减少自己的羊。

僭主们禁止苏格拉底和青年们谈话。克里底亚和哈利克勒把他叫到跟前，跟他说："你小心点，苏格拉底，不要叫我们不得不再减少羊群中的一头羊！"

学生用死恫吓老师！

---

[1] 萨拉米斯是一个古代的城市，在塞浦路斯东岸，于公元前449年的战争中被毁。

现在苏格拉底可以由自己的亲身体验，认清把人民当作羊群、把自己当作牧人的贵族的统治是什么了。

后来僭主的政权被推翻了。民主派以宽大待人。他们在公民会议上通过了宽恕民主派政权的敌人们的法律。但是他们不愿宽恕苏格拉底。

你知道就是他教给青年们蔑视民主制度的。他比那些杀人抢人的更危险。那些杀人抢人的人们是明显的恶棍，而他——在成千的人看来——是清廉高尚的人。

那些人的武器是剑。但是他的武器更锐利。他完全掌握着开导的艺术，识别观念的艺术——辩证法。

按照公民会议通过的法律，不能因为苏格拉底曾经是民主的敌人而直截了当地判他的罪，于是对他提出了别的控告：他勾引青年堕落，他引进了新的神。怪不得他总是硬说有什么神的内在的声音告诉他应该怎样行事。

苏格拉底在法庭上受审了。

原告——富有的制革匠梅利特，法庭辩护士李孔和悲剧作家阿尼特——一个接着一个上来。

大家都等着听苏格拉底将说些什么话来为自己辩护。

他说话跟平时一样质朴，不想用华丽的辞藻来修饰自己的语言。

他不要求别人宽恕他。

　　假定你们现在向我说："苏格拉底！现在我们不听阿尼特的话而放你走，但是有一个条件，你以后不得再研究哲学。"在这种情形之下，我的回答会是这样："只要我还在呼吸，还能做事，我决不停止研究哲学，决不停止劝老人和青年不要只关心肉体或金钱，而要多关心精神，使它变得十全十美。"我会说："雅典人啊！无论你们相信阿尼特还是不相信，放我走还是不放我走，反正我不会不这样做的，哪怕我不得不死许多次！"

　　雅典人啊，你们不要吵嚷！你们不要用吵嚷来回答我的话，要用沉思来回答我。你们要知道，假使你们夺去了我的生命，你们对自己的损害比对我的损害还大。那时候，你们将很难再找到另外一个人像我一样，能够劝服和打扰你们之中的每一个人，像牛虻吵醒没精打采的马一样地叫醒你们。可能你们会发怒，就跟那些被叫醒的人发怒一样，而一怒之下就把我打死，为了把你们的有生之年消磨在梦中。但是我的责任就是这样：管你们的事情，而不顾自己的家里乱糟糟，跟你们之中的每一个人谈话，劝你们遵守道德……

现在法官说话了：苏格拉底有罪。但是判他什么刑呢？原告要求判他死刑，但是按照法律，被告也能提出该判什么刑。法官的任务是决定同意谁的意见——同意原告，还是同意被告。

"我判我自己什么刑呢？"苏格拉底问道，"判自己放逐吗？但是无论我到哪儿，无论我在哪儿谈话，青年们到处都会听我的。你们会问：'但是，苏格拉底，你从这里出去之后，不能够不言不语、安安静静地生活吗？'当然，假使我说我要过沉默的生活，实际上办不到，你们也不会相信我。而假使我再加一句话，说人的最大幸福是每天讨论道德，考验自己和考验别人，你们就更不会相信我了。不这样做，生活就不是生活。"

法官又重新商议。

宣判了，苏格拉底被判处死刑。他说了他的最后一句话。

他说："死亡把我这龙钟的老年人追上了……但是已经到了该走的时候了：我

走向死，你们走向生……"

苏格拉底在监狱里。他的朋友和学生们都很奇怪，为什么苏格拉底在法庭上不想为自己辩护。他认为这是没有意义的。他本来能够轻而易举地缓和自己的厄运，他可以要求判自己放逐，法官也会同意这一点的，但是他没有做任何事来挽救自己的生命。当人们要求他解释，为什么他要像这样处理自己的时候，他答道：

我还是死了的好。

人们劝他逃走。

但是他说：

不，这是不正当的。无论在战场上还是在法庭上，都不逃开，无论在什么地方都依照着祖国的命令办，这才是正当的。假使我像逃亡者那样裹着斗篷来改变自己的外貌，从牢狱里逃走，那好吗？那时候，每一个人都会说，我到了老年，在我风烛残年的时候，竟企图用这种不可靠的手段来逃避死亡，而且违犯了法律。那时，我经常说的公正两个字将作什么解释呢？

处死刑的日子到了，苏格拉底最后一次跟聚集在他床边的朋友谈话。

在这最后的一天，苏格拉底跟青年们说些什么呢？

他跟他们谈死和永生。无论精神的命运什么样——在肉体死亡之后是消散还是继续活着——苏格拉底在勇敢地等待着死亡。

太阳已经快要西沉了。等太阳隐没到山后，人们就要给苏格拉底送来一碗毒药。有一个学生想延长这最后的时刻。他说，白昼还没有完，太阳还将在山顶上照耀很久。

可苏格拉底不愿意怯懦地眷恋生命。

"如果毒药已经预备好了，"他说，"让他们把它拿来吧。"

一个人手里端了一只碗走了进来，碗里盛着毒蓼的毒汁。

"告诉我，善良的人，"苏格拉底对刽子手说，"我应该做什么？你对这件事是内行。"

他这样问，就好像站在他前面的是医生——阿斯克勒庇俄斯神的仆从。

于是刽子手像个给予指示的医生似的回答：

喝下去之后来回走，一直走到你感觉两脚发重，然后躺下。那时毒药就起作用了。

苏格拉底端起碗来，送到唇边。

他的手不颤抖，面不改色。他跟平时一样地泰然自若。

学生中最年轻的一个忍不住眼泪了。他用斗篷掩住脸。别人也都流了泪。

"你们在做什么啊，奇怪的人们！"苏格拉底说，"死需要听好话，请你们安静吧。"

学生们听了这话，就停止了哭泣。

苏格拉底按照指示，开始来回走。当他感觉到两脚发重的时候，就仰面躺下了。

那时候，送毒药的人走到他的身边，像个诊查病人的医生似的摸他的脚。

"有感觉吗？"他问苏格拉底。

"没有。"苏格拉底回答。

随后，那个人又开始摸他的大腿，逐渐往上摸去，指给青年们看，他们的老师的肉体在怎样慢慢变凉。

苏格拉底自己也摸他自己。

"等毒攻到心头，"他说，"我就走了。"

他镇静地给学生们最后的吩咐。按照旧风俗，他命令学生们给阿斯克勒庇俄斯——医药和毒药的神——上供。

我们该给阿斯克勒庇俄斯一只公鸡。不要忘了献给他。

这是他最后的遗言。

又过了片刻，他的目光呆钝了。他的嘴唇不动了……

几千年来，人们阅读苏格拉底的学生所讲的关于苏格拉底的生和死的故事。

但是或许直到现在我们才开始了解，苏格拉底的悲剧有多么深刻。

他原想教育公正的人，却教育了恶棍和卖国贼。

他以为：只消解释给人们听什么是正义，人们就会变得公正了。

但是克里底亚和哈利克勒熟知什么是善，他们却做了恶。他们把他——苏格拉底也变成了他们作恶的帮凶：是他教育了他们！

那个被人们称作"最高尚的人"竟误入歧途，走进了死胡同。他除了死之外，没有别的出路了。

读着苏格拉底的学生们所讲的关于苏格拉底的死的故事，我们不由自主地要对这个老哲学家表示同情，他不哀求法官的怜悯，也不企图越狱逃走，而说："与其违法，毋宁死掉。"

但是我们判断一个思想家，不是按照他们的精神上的长处和缺点，而是看他们是帮助还是阻碍人类前进。

关于苏格拉底，我们说什么呢？他帮助了人成长成为巨人吗？

人走向自由。雅典的民主制度是在这条路上迈出的一步。固然这不是我们现代意义上的所谓民主制度：那只是对于几千个雅典人来说是自由的，对于几万个奴隶和异国人来说，还是无权的。但是跟贵族制度比较起来，毕竟还算是那个时代的先进的制度。

而苏格拉底是民主制度的反对者。他把自由唤作坏的献酌官用来灌醉人民的没有用水冲淡的酒。

人走向真理，走向认识自然，走向支配自然。

而苏格拉底却反对研究自然，他说："你们认识自己的精神吧。"好像精神是长在自然界以外、世界以外的某个地方。

这一点他不仅害了他的同时代的人，而且还害了几十世代的人。后来，凡是希望人类不向前进只向后退、回到"父辈的制度和父辈的信仰"去的人，都引用他的学说。

苏格拉底完全掌握了"辩证法"——辩论的艺术，善于在对手的见解中寻找矛盾。在他以后，学者开始精确地给概念下定义。但是他自己却没有利用这个武器来研究世界和探求真理，辩证法在苏格拉底和他的继承人的手里只有形式，没有内容。

就这样，误入歧途的苏格拉底不仅把他的学生引上了这条路，而且还把生在他以后的许多思想家也引上了这条路。

在虚幻的世界里

在苏格拉底的许多学生中有一个，成了比他老师更加敌视民主制度和唯物主义科学的人。

这就是柏拉图[1]——一个老是在沉思的富于幻想的忧郁的青年。他从来不笑。他好像总是傲慢地蔑视别的学生。

有时候，柏拉图和他的老师见面以后回到家里，就拿起一支尖头小棍——尖笔——和一块小蜡板，尽力追忆跟苏格拉底谈的每一句话，把它们记下来。

但是除了谈过的话以外，他还要不由自主地附加些可能说的话，以及按照他的意思能更好表示出辩论实质的话。学生的笔记变成了活泼生动的场面和对话。

有一次，柏拉图把这种对话的一篇读给苏格拉底听。

苏格拉底摇摇头，笑道：

天啊！关于我，这个青年人简直什么话都编得出来！

苏格拉底死后，柏拉图离开了他的故城。他再在雅典住下去是危险的。他出身于贵族，他的祖先们做过雅典的国王，他的近亲们曾经参加过反对民主的密谋。他自己不掩饰他对于民主派的领袖们、对于变成了雅典的主人的商人们、船主们和制革匠们的反感。

柏拉图从雅典逃到了梅加腊。

在离故乡很远的地方，他又重新拿起小蜡板。他回忆着他的老师最后几天的情

---

[1] 柏拉图（前427—前347），古希腊哲学家。

形，回忆着他在狱里跟学生们说的话。

柏拉图过着一种奇怪的、双重的生活。他在各处奔走，观看，倾听，跟人谈话。但是他的心却不在这里，他的目光朝内看。他仿佛在继续跟老师谈话。

柏拉图觉得死去的老师还活着，活人却都是些行尸走肉。

梦境和现实好像调换了位置。像是在噩梦中，周围的一切都在晃动。古代的风俗习惯、信仰和法律都在毁灭。政权落在柏拉图认为是"庶民"的人们手里。

依靠什么呢？到哪儿去找到支持呢？

柏拉图游历一个城市又一个城市，一个国家又一个国家。他跟学者们谈话，他研究各国的制度和各民族的生活。他在寻找这样的一个国家，在那里人们过着正义的生活。

柏拉图从希腊渡海到埃及去。

埃及人的风俗习惯和信仰对于他也是格格不入的。他觉得只有一件事是公正的：在埃及，每个人都在干着由他的出身所确定的事情。手艺匠忙着干手工业，农夫忙着种地。农夫的儿子是不会想当手艺匠的，手艺匠的儿子也不能做国王的文书。

在雅典，每一个陶工、制革匠和码头上的搬运工都在公民会议上管理国家大事，而在埃及，平民假使竟敢干预国家大事，干起对他不适合的"王家职业"来，他就要受到惩罚。

于是在柏拉图的想象中开始创立一个国家，在这个国家里，农夫和手艺匠干活，军人和哲学家保卫人民和管理他们。

这样的等级制度，使大多数人注定要从事强迫劳动并且愚昧无知，在柏拉图看来要比民主政权更加公正。

这种贵族政治不管公民，不管普通人："国家顾不到鞋匠们——顾不到对他们怎样，或者他们怎样。对于它，最重要的是警卫的人们；国家的目的——不是使什么鞋匠们得到安乐，而是努力使国家完美。"

警卫的人是"最优秀的"人。

但是"最优秀的"并不是最诚实、最正直的。管理国家的人为了国家的安宁，可以撒谎、骗人。假使手艺匠撒了谎，或者骗了人，就得好好地惩罚他。

这就是柏拉图所谓的"正义"！

柏拉图从埃及到西西里和意大利。在埃利亚[1]，他了解到著名的埃利亚哲学家巴门尼德[2]的学说。在塔楞塔姆[3]，他常常和思想家兼政治家阿尔开塔斯[4]见面。阿尔开塔斯把毕达哥拉斯学说的奥秘传授给他。

柏拉图从每个哲学家那里吸收了跟他见解接近的东西。

他似乎很同意巴门尼德和毕达哥拉斯的这样的思想，认为人们用肉眼看见的世界不是真正的世界，而是虚幻的世界，另外有一种只能用智慧的目光来理解的至上的世界。

但是怎样上升到这个"真正的"世界去呢？

柏拉图很清楚地记得他跟死去的老师谈过的话。

苏格拉底曾经不止一次帮助他从物质上升到概念。

现在，学生又重新沿着这看不见的梯子

[1] 埃利亚是意大利南部古希腊人居留地，位于今那不勒斯附近。

[2] 巴门尼德（约前六世纪末—前五世纪中叶以后），古希腊埃利亚学派哲学家。

[3] 塔楞塔姆就是现在的塔兰托，在意大利南部塔兰托湾沿海。

[4] 阿尔开塔斯（约前420—前350），古希腊数学家、哲学家，属于毕达哥拉斯学派。

往上爬。

他看见周围的树——槲树、月桂树、悬铃木等，于是他就从它们上升到树木的观念或理念。这些树不是永存的：风暴可能吹折它们，人可能砍掉它们。连坚实的槲树也会在某一个时候枯掉或烂掉。但是树木的理念却不会遭受破坏，也不会遭受腐烂。画在沙子上的三角形可以抹去，但是三角形的理念却抹不去。

时间支配不了理念。它能带走我们在周围所看到的一切，但是理念却存留下来。它们超越了时间和空间。

柏拉图在自己的想象中创造了幻想的理念的王国。这个领域中没有颜色，没有形象，没有任何可以看见或触到的东西。精神在这里观察着崇高的理念——真理、幸福和正义，这里是永恒的不朽的真理的住所。而这个我们所看见的世界——仅仅是看不见的世界的朦胧的反映。

这不是新的思想。远在赫西俄德的时代，希腊人就相信真理、健康、恐惧、力量都不只是概念，而是神。

柏拉图企图使这些古代的、过了时的观念复活。在他看来，抽象概念是在别一个世界里的离开了物质的不朽的实在。他认为，除了具体的树或石头之外，某个地方还有个"一般的树"和"一般的石头"……

柏拉图像这样过着两重生活，把梦当作现实，把现实当作梦。他集中注意力仔细观察自己的心灵。他看见，在心里怎样产生出关于物的概念和关于概念的概念。这整个的世界——连同它的噪声、颜色、形状等——在他的心灵里反映着。而他觉得，反映就是真正的世界。柏拉图就像那种人，他看了看河水就说："瞧，水里的这棵槲树是真正的槲树，而长在岸上的那棵槲树是它的反映。"

但是要一个活人生活在死的虚幻的世界里是困难的。柏拉图不像个隐士。他一方面在鼓吹冷漠无情和遗世独立，一方面自己却乐于重新参与斗争。

他希望不仅在想象中，而且也在实际上，按照自己的意思来改造他自己认为是虚幻的世界。

他出发到西西里，到叙拉古[1]，到僭主戴奥尼修斯[2]那里去，为了想靠他的帮助建立这样一个国家，在这个国家里，政权和科学归不多的"最优秀的"人——哲学家所有。

但是僭主根本不打算跟哲学家分享政权。

柏拉图灾祸临头了。

僭主下令把他卖到埃伊纳岛[3]上去做奴隶。保卫奴隶制度的贵族自己竟成了奴

---

[1] 叙拉古是公元前八世纪所建的古国，位于西西里岛东岸，公元前212年并入罗马版图。

[2] 戴奥尼修斯一世（前430—前367），叙拉古僭主，他统治叙拉古的时候国势强盛，是西西里岛东部霸主。

[3] 埃伊纳岛在希腊东部沿岸萨罗尼科斯湾里。

隶。朋友们花了很多钱，才把柏拉图赎了出来。

传说是这样。

也许实际上不是这样。只有一件事是确实的：柏拉图不得不离开叙拉古。

于是他又重新回到故乡雅典。

他开办了一个学校，开始教育青年们。

他跟学生谈话，不像苏格拉底那样在喧嚣的市场上，而是在一座绿荫如盖的静静的花园里，在神话里的英雄阿卡德摩斯的像旁边。现在很少有人知道，阿卡德摩斯以什么事迹出名，但是"阿卡德米亚"——这个词却没有被遗忘掉。它现在告诉我们的就是学术研究的意思[1]。

柏拉图叫人在阿卡德米亚（学园）的门口写上："不通晓几何学的免进！"

数学应该作为学生们洞察数和洞察理念的基础。

洞察离开物的理念、概念——这不是一件容易事。就是柏拉图自己也不能离开

---

[1] 阿卡德米亚希腊文是 ακαδεμεια，英文是 academy，原指柏拉图教授哲学的学园，现在也指研究院、学院。

看得见、触得到的形象来思想。

当他年轻的时候他写过诗，后来他把诗投入了火里，他叫火神赫菲斯托斯来帮忙："赫菲斯托斯！柏拉图需要你！"

诗被他从阿卡德米亚（学园）里赶了出去。但是它仍然在那里称王。

为了把诗从阿卡德米亚（学园）里赶出去，柏拉图应该首先把它从自己的头脑里赶出去。

跟学生谈话的时候，他寻找对比，他不由自主地给他那看不见、触不到的理念世界赋予活生生的诗的形象。

除了柏拉图之外，他的朋友们和弟子们也在阿卡德米亚（学园）里讲授。学生们学四门科学——数学、天文学、音乐和辩证法。所有其他的科学——如机械学或医学之类——只有手艺匠才需要。最上等家庭的青年们只应该知道灵魂和战争所需要的事情。

柏拉图把学生们看作他事业的继承者，也就是那些哲学家，他们应该作为贵族统治的国家的执政者。

在阿卡德米亚（学园）的静静的丛林里，柏拉图不忘记他在政治上改造世界的计划。

后来他又到了叙拉古。老僭主已经去世了，掌政权的是他的儿子小戴奥尼修斯。但是新僭主也不愿听从劝告，他下令把不请自来的劝告者关进监狱，靠了朋友们的说项，柏拉图才免于一死。

就像这样，柏拉图在雅典和叙拉古之间，在阿卡德米亚（学园）和僭主的宫殿之间来回奔跑。今天他离开了这个世界，这个世界在他看来是那样黑暗，不像金光灿灿的理念王国。而明天呢，他又重新走入这个世界，为了想按照自己的意思改进它。

他有时号召人们回去——回到那无法挽回的过去，有时又沉溺在虚无世界的幻想里。

现在他坐在园里悬铃木的树荫下，学生们围着他。这里不会传来城市的喧嚣声，这里跟庙宇里一样安静。

柏拉图向学生们讲述那创造世界的神，他创造了世界的本体，并且使世界的灵魂居住在它里面。世界产生了，像个有天赋的灵魂和智力的生物。

每一颗恒星、每一颗行星都有灵魂。太阳、月亮、星——这都是看得见的神。它们运动，因为它们是活的，因为它们有灵魂。树木和动物都有灵魂。

创造世界的神善良而美好，因此他创造了美好的世界。

"既然是这样，"学生们问，"为什么世间还有这许多邪恶呢?"

"因为，"柏拉图答道，"你们所看见的世界仅仅是美好的灵魂世界的影子。你把背对着光，坐在地窖里，于是你在前面墙上只看见物的影子，而不是物的本身。你只听见回声，而不是声音。你回过头去看，你沿着陡

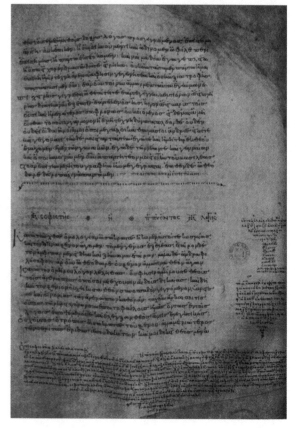

峭狭窄的斜坡从地窖里往上爬。你将看见天，看见太阳。

　　那些曾经好好地生活的人的灵魂将升天，在那里得到应得的奖赏。过了许多年之后，他们又重新回到地面上来。但是他们记得天上的故乡：我们的每一个关于美好世界的思想都是回忆。

　　就因为这个原因，每个人才应该想法生活得合理而善良。奖赏是好的，希望是伟大的……

柏拉图这样说。学生们听了他的话，就白日做梦，不再看见伟大的生活实际了。他们回忆从来没有过的事物，这帮助他们忘记了现有的事物。

在柏拉图所叙述的这个神话里，有那么多的东方和西方民族的古代信仰交织在一起！创造这个神话的是贵族、奴隶制度的保卫者、国王的后裔，但是它却成了奴隶和穷人的安慰。人们在地上看不见解放，就在天上找到它了。

柏拉图号召他本国的人走回头路——从民主退回到少数人的统治。因此每一个拥护过了时的制度的人都利用他的学说当作武器。

柏拉图和苏格拉底都曾经和诡辩派[1]的学者做斗争。

诡辩派说，一切人都受到约束的真理是没有的：有多少人，就有多少见解。苏格拉底和柏拉图却论证说，实际上真理是存在的。

但是他们捍卫真理，却把它放到那永恒不变的虚幻的理念世界里去了。

从前，科学和宗教合成一个整体，后来科学脱离了宗教，走自己的路了。柏拉图却企图把它们重新合并在一起——创造出具有科学外貌的宗教。

毕达哥拉斯就曾经想这样做，柏拉图比毕达哥拉斯走得远：他给唯心主义奠定基础，明确地说，理念是一切存在的本原，自然界只是理念世界的影子。

从柏拉图的时代起，哲学里就开始了现代唯心主义和唯物主义之间的斗争，这种斗争一直到今天还在进行着。

柏拉图的错误学说不止一次在后来思想家的著作里复活，把科学引导到不存在的灵魂世界，妨碍了人类的前进。

用马克思的话来说，"凡是断定精神对自然界说来是本原的……的人，组成唯心主义阵营。凡是认为自然界是本原的，则属于唯物主义的各种学派。"[2]

两个阵营

从前有过一个时期，神话世界包围着人。奇妙的花草、石头、野兽和灵魂的虚幻的轮廓，像在云雾里一样，缭绕在这个世界里。每一棵树都有自己的灵魂，每一块石头都可能开口说话。

但是人逐渐认识世界，被照亮的已知事物的范围越来越宽广了。

而现在雾又开始变浓了。

---

[1] 诡辩派也译作智者派。在哲学上承认客观存在的是"流动的物质"，但是从感觉论出发，错误地得出相对主义或怀疑论的结论。这一派的一些人同奴隶主民主派有联系，具有进步的倾向。他们对传统的习俗和制度的批判引起柏拉图不满，因而柏拉图污蔑他们是诡辩家。

[2] 引自恩格斯的《路德维希·费尔巴哈和德国古典哲学的终结》(人民出版社 1972 年版第 15 页)。

不是在原始时期，而是在公元前四世纪，在科学的祖国希腊，哲学家柏拉图又在重新引导自己的学生进入虚幻的灵魂世界。好像过去并没有过泰勒斯、阿那克西曼德、阿那克萨哥拉和许多别的研究自然界的人似的。

莫非人类真的走回头路了吗？

莫非那许多勇敢的征服大自然的人们的心血都白费了吗？

不，其实当一些青年正在阿卡德米亚（学园）里跟柏拉图谈话的时候，另外一些青年也正在仔细地研究德谟克利特的著作。

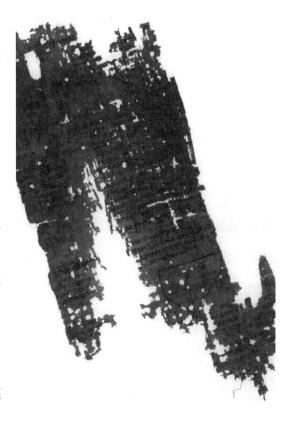

柏拉图号召人们往一个方向走，德谟克利特号召人们往另一个方向走。

柏拉图引导人们走向虚幻的灵魂世界，并且断言这就是真正的世界。

德谟克利特说，除了大自然之外，什么也没有，他引导学生走向空间和时间的无限。

争论在进行着：到底什么是万物的始基，万物的根基呢？是从泰勒斯到德谟克利特那许多研究自然的人们所讲的那样，物质是世界的根基吗？还是相信毕达哥拉斯，说一切是数，或者相信柏拉图，断言世界的根基是理念？

柏拉图憎恨德谟克利特。他收买和搜寻他的著作，为的是要把它们烧掉。

他在辩驳德谟克利特的时候，并不指名道姓，为的是不帮助他的敌人能够留名后世。

但柏拉图还是痛苦地看见，德谟克利特的学说已经在人们中间传播开了。

"有许多人，"柏拉图说道，"认为这个学说是所有学说中最高明的，因此青年们才轻视宗教，说法律规定要信仰的神是不存在的。革命的起因也就在这里。"

柏拉图一生都在跟德谟克利特的学说做斗争，德谟克利特的学说动摇了古代对于神和来世生活的信仰。

德谟克利特曾经嘲笑那些自作聪明的人，因为他们说："宙斯神给万物起名字，他知道一切，予夺一切。"

德谟克利特认为那些讲述别个世界的故事是神话："有些人不知道不免于死亡的自然是要归于毁灭的，他们在生活中经受灾难的时候，编出了叙述来世生活的不真实的神话，在不安和恐怖中度日。"

柏拉图就是这种"叙述来世生活的不真实的神话"的编造者，因此他不喜欢德谟克利特的见解。他企图迫使人们重新相信那"创造世界的神"，相信来世是唯一的真正的世界，在那里，人们将因无辜而得到奖赏，因罪孽而得到报应。

但是显而易见，柏拉图不太相信他自己的话的力量。因此他不仅用来世的惩罚，而且还用地上的牢狱、拷打和刑法来恫吓敌人。

他曾经这样写到德谟克利特的继承者："有的应该处死刑，有的应该痛打一顿后关进牢狱，有的应该被剥夺公民权利，有的应该被罚受苦和驱逐出国境。"

就是这样，斗争在两种对立的学说——唯心主义和唯物主义之间进行着。

而且还有这样的情形，在同一个思想家的著作里，对立的思想也在冲突着，斗争着。

人在摸索道路

在柏拉图的学生中间有一个人，他不愿意盲从老师。他是医生的儿子，因此他很难相信，灵魂能够离开肉体而存在。

他从父亲那里听到，血的热由心脏发出，这个热维持着生命，就是说维持着生物的灵魂。他不明白，石头、火、空气怎么能有灵魂！

树木还可能有最低的植物的灵魂，这种灵魂是什么也不意识到、什么也不感觉到的，但是它还是维持着树木的生命，促使它生长，激发种子在果实里成熟，从这些种子再长出新的树木来。但是石头并不是活的，它不靠土地的汁液生存，也不传

宗接代!

这个心存疑虑的学生名叫亚里士多德[1]。

他在阿卡德米亚（学园）里度过了许多年。他尊敬自己的导师，导师教他发问和回答，在辩论中求取真理，从物上升到概念。导师也很赏识这个学生。然而柏拉图常常谈论他说："别人需要踢马刺，亚里士多德却需要缰辔。"

当老师引导学生进入那住着没有肉体的灵瑰、住着没有物本身的物的概念的、虚幻的神话世界的时候，学生固执地反抗和拒绝。

亚里士多德勇敢而正直。他的年岁越大，越是频繁地、反复地说："对于我，柏拉图虽然可贵，但是真理更可贵。"

他离开了阿卡德米亚（学园），走他自己的路去了。

亚里士多德很清楚，不能闭上眼睛只靠智慧来认识世界。

---

[1] 亚里士多德（前 384—前 322），古希腊哲学家、科学家。

为了获得认识，应该看、听和感觉。不会感觉的人，也就什么都不认识，什么也不明白。

但是动物也有感觉，亚里士多德想。有些动物还能记住它们所看见过的或感觉到的事物。

动物能记住火的燃烧，因此它不走近火。

这就是说，动物也有记忆，也有经验。但是只有人靠经验产生了技艺和科学。

人根据经验知道火的燃烧，就在火上烧制陶器，而这已经是技艺了。

但是陶工只是按照习惯行动，他不问火为什么会燃烧，而科学家却要知道所发生的事情的原因才去行动。

于是亚里士多德做出了结论：科学是关于原因的知识。

一切不可理解的事物都使无知的人惊奇。孩子对于上了发条的玩具为什么会动，觉得奇怪。而对于那个知道玩具秘密的人，假使玩具不动了，却会更觉得奇怪。

博学的人和无知的人之间的不同也就在这里。

万物的原因在哪里呢?

亚里士多德知道,不是他头一个提出这个问题的。

像一个性急的继承人打开他到手的一个箱子的情形一样,亚里士多德打开了哲学家的著作。那里面有多少照亮世界的黄金般的思想啊!但是他也找到不少的铜跟金子在一起。

于是他着手把金子从铜里分离出来,把真理从谬见里分出来。

他断定,古代的哲学家还不总是能够精确地、明白地思想的。他觉得,他们好像是一些对打仗没有经验的人。在作战中,他们有的时候打得很正确,但是他们这样做并不是真正知道应该怎样打仗。

他看见,最早的一些哲学家认为万物的始基是物质——一切都是由它构成的,万物不仅由它产生出来,毁灭后又变成了它。

泰勒斯认为万物的始基是水,阿那克西米尼认为是空气,赫拉克利特认为是火。恩培多克勒又在这三种元素之外加上第四种元素——土。阿那克萨哥拉却主张元素是无限多的。

亚里士多德心想,是的,这是对的,没有物质也就没有万物。制雕像需要铜,制

杯需要银。但是银还不是杯。要制杯，还需要用来做样子的形式，需要范型。

亚里士多德想起，从前有过这祥的思想家，他们不把物质放在第一位，而把形式放在第一位。

他打开毕达哥拉斯的继承者们的著作。这些人最早把数学推向前进，明白了数、线和形的力量，这使他感到喜悦。在他们看来，数学能解释一切。但是他们忘记了，光有形式还不能创造万物。要想造一个铜球，光有圆球的几何形式是不够的，还需要铜。而关于这个，关于物质，他们想得太少。

亚里士多德想起柏拉图，想起阿卡德米亚（学园），想起关于理念的冗长的谈话。理念——这就是永恒的形式，永恒的范型，世上的万物都是根据它创造出来的。柏拉图是这样讲的。

但是亚里士多德被说成是阿卡德米亚（学园）里最不驯服的人，这不是没有道理的。他是那种用自己的问话使老师张口结舌答不上话来的学生。

他问过柏拉图多少次：

形式怎么能离开物而存在呢？杯是不能离开银的。而且把所有的东西都变成双重的，说是有这个"杯"还有"一般的杯"，有这些树还有"一般的树"，在别一个什么玄妙的世界里，这究竟是什么意思呢？

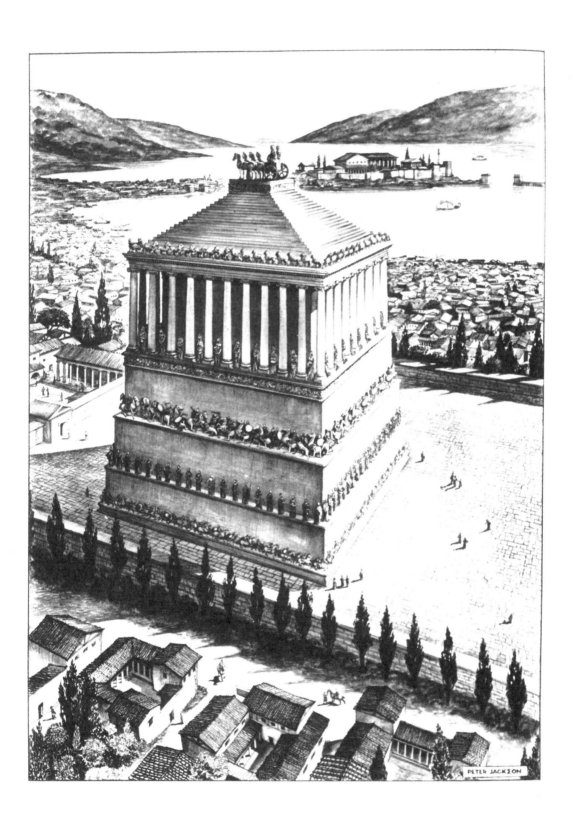

PETER JACKSON

难道这能够帮助我们了解，树是什么，为什么它从种子里长出来，为什么它结果实吗？

亚里士多德再三地回想这些以前的争论，于是他又做出那同样的结论：不能把形式和物质分开，不能把杯和制造杯的银分开。

当银匠着手做银杯的时候，银形成杯的形状。那么世界是怎样创造的呢？

对这个问题，阿那克萨哥拉回答说，自然界有一种智慧，它创造世界，就像工匠制造杯、雕刻匠雕人像一样。

不过连阿那克萨哥拉自己，凡是能找到别种原因的，也尽量不用这种原因来解释。只有在他寻找不到别的解释的时候，他才像搬出一架创造世界的机器那样，搬出"智慧"来。

恩培多克勒的论断又是另外一套。他说，这种原因不是一种，而是有两种：憎和爱。爱结合元素，憎分裂元素。

而留基伯和他的伙伴德谟克利特认为是原子的运动在创造万物。

这就是说，除了物质和形式之外还需要运动。

可运动是哪儿来的呢？

亚里士多德在书里找不到这个问题的答案。

经过长期的沉思变得富于智慧的他，为了看、听和感觉，就走向森林和田野。他的一双眼睛看了这样长时期的书，变得聪明了。它们现在看见从前所看不见的事物了。

亚里士多德在耕翻过的田地上漫步，他看见农夫怎样把种子撒在湿润的土里。于是他想到将从这些种子长出来的谷穗。每一粒种子里都含有长谷穗的可能性。种子不像谷穗，但是它里面有一种什么能使它变成谷穗。

亚里士多德看见，雏鸟怎样在鸟巢里一只一只地啄破蛋壳，伸出张着贪婪的嘴的头来。于是他想到，蛋里也发生某种自己的运动，创造出雏鸟来。有了这个，只要母亲用自己暖和的毛茸茸的身体去孵热它就行了。于是习惯的想法又重新把亚里士多德的思想从个别引向一般，从种子引向大自然。

就如同种子里含有谷穗的可能性一样，在大自然里包含着一切物、一切生物的可能性。

　　人赋予银以杯的形式，是有意识的创造。大自然是无意识的创造，它按照内在的要达到某种目的的倾向来创造。有时它达不到它所希望的目的。它的错误是产生了畸形。但是亚里士多德想，只有那种有目的的活动，才谈得上犯错误。

　　大自然的目的是什么呢？它希望达到的是什么呢？

　　亚里士多德向大自然本身提出这个问题。

　　他研究树木的根，心想，这些根就等于动物的嘴。

他在海边行走，走到大渔网旁边停住了脚步，渔网里有许多鱼在活蹦乱跳。鱼多么不像森林里的野兽啊！但是它也呼吸：它有用来代替肺的鳃。它的软骨就等于我们的骨骼。鱼没有耳朵，但是它还是听得见。当三层桨船在海上驶过的时候，鱼听见桨声就逃走了。也就是因为这个，渔夫在向水里打桨的时候，总想尽力把桨放得轻一些。

亚里士多德常常带着一把锐利的小刀，剖开某些小兽的躯体，来研究它的心、肝、肺、脾。他想由动物的脏腑来判断人体的构造。关于这一点，人们还知道得太少：解剖人的尸体被认为是罪恶的。

把动物互相比较，他发现可以把它们分成像很高阶梯似的许多等级：从最低级的——软体动物、海星、海绵——到身上披毛的四条腿的兽类。再往上是猿猴，它的脸像人的脸，它的手、指头和指甲像人的手、指头和指甲。人的位置在最上级。至于低于一切动物的是百草和树木，更低的是石头和泥土。

亚里士多德从低到高地瞧着这个物和生物的阶梯。

越往高去，物质就变得越复杂，越温暖，越灵活，越活跃，越有意识。

大自然不知疲倦地创造了一种生物又一种生物，它每一件新的创造都比从前的完美。

它还不能立刻达到完美的地步，物质在反抗它，大理石也在反抗着雕刻家的雕刻刀。但是难道人是最后一级了吗？

难道不可能有更完美、更有意识的生物吗？

亚里士多德认为，他已经看见了大自然所希望的事物。它希望变成比一切都更完美的东西：变成思想本身，变成理性本身。

亚里士多德不知不觉地又回到了当他还年轻的时候柏拉图曾经引导他走的那条老路上去了。

亚里士多德说过，灵魂不能离开肉体存在，就像杯的形式不能离开杯存在一样，这不是不久以前的事吗？而现在他竟自己开始相信居住在我们的世界之外某个地方的、没有实体的理性……

亚里士多德用坚固的锁链把活的和死的系在一起：土——植物——动物——人。

他向他的老师大自然又提出一个新的问题：土是什么呢？我在周围所看到的水、

空气和火都是些什么呢？它们是单独地存在，还是彼此间也有联系的？

他仔细考虑了风和云，雨和雪，铁和石头。

他在城里散步，在烟气弥漫的铁匠铺门口停住了脚步，为的是跟别的好奇的人一同观看正在干活的铁匠。锤子的敲击声并不妨碍他思考。

他看见，火怎样把矿石变成亮闪闪的可锻的金属。

于是他想到矿石是土产生的。这就是说，金属也是从土产生出来的。

他看见，木柴怎样在火里燃烧，化成了烟，烟又飞入空气。而树木也是土地妈妈生出来的。

当奴隶依照工匠的命令用水浇灭火的时候，亚里士多德仔细研究那升向天空的一团团白云般的水汽。他想起，水落到地上也是来自这样的白云。

就是这样，东西从一种变成了另外一种。

新的不只是由旧的组成，而且是从它产生出来的。

你要知道，还是赫拉克利特就已经说过："水的死是蒸汽的生。"

在亚里士多德的眼前出现了一连串的变化。土里生长出树来。树生火。从火产生出烟和蒸汽，飞入空气。从蒸汽产生水。

而从水又重新产生土，成为淤泥积在河底。

结成了一条锁链：土——火——空气——水——又重新是土。

宇宙是四种元素构成的。还是恩培多克勒就这样想。

四种元素彼此转化。

这是不是因为它们全都是构成世上万物的同一种第一元素、第一物质的表现呢？

伟大的锁链——从单一的第一物质到人——接合起来了。这条锁链包括世界上的一切东西，包括天地万物。

亚里士多德考察了生物体的奥妙，又考察了非生物的奥妙，于是他进一步想了解宇宙内所有的东西。

夜里，他观看恒星，像他以前的阿那克萨哥拉和许多哲人曾经观看过的那样。

他尽力想象宇宙是怎样构成的。

他已经想到了，地不是一个平的圆盘，而是个圆球。还是毕达哥拉斯学派的人就已经这样讲过。他从水手那里听到，当船向北行驶的时候，北极星在地平线上逐渐升高，当向南航行的时候又逐渐降低。假使地是平的圆盘，还会有这种事情吗？

他想到了，在月食的时候，地向月亮上投射圆形的影子，就像放在蜡烛和墙壁之间的苹果一样。

他的某些学生还不能想象地是个圆球。他们的脑袋里还装不进去这种想法。他们说，假如地是个圆球，那么在我们下面的人就不是头朝上，而是头朝下走路了。再说船怎么能够爬上它陡峻的斜坡呢？为什么它们不往下溜呢？

亚里士多德含着笑听他们说。他已经知道，这种反对的意见是多么幼稚：对于一个人是下，对于另外一个人是上。亚里士多德已经丝毫不怀疑，地是个圆球。

他从地球出发走向恒星。他比德谟克利特小心。他还在想，世界只有一个，在世界的中心待着不动的地球。天球围绕着它旋转，月亮、太阳、行星、恒星固着在天球上。

但是为什么有的时候行星跟恒星一起前进，有的时候又向后转，就像逆流航行的船那样？

因为宇宙的图景比表面看到的要复杂得多。

每一颗行星都固着在一个透明的球上。这个球被包在第二个球里，第二个球被包在第三个球里，第三个球被包在第四个球里。每一种运动都有它自己的球。一个球携带着行星向前，向着恒星所走的那一方面。另外一个球携带着行星向后。第三个球把它向上抬。第四个球把它往下降。太阳和月亮各有三个球，它们没有往回走的运动。

恒星的球是最远的，这是世界的边界。亚里士多德认为，他把那个叫作世界的自动玩具拆开了，又重新安装了起来。

亚里士多德心想：总应该有一种永恒的、不动的什么东西，是它使天和世界上的万物运动的。

于是亚里士多德就在恒星天球之外很远的地方，在天的边界之外，安置了一个永远的不变的原动力——就是那个住在什么"彼处的"世界里的理性。

亚里士多德曾经嘲笑阿那克萨哥拉，说当他找不到更好的解释的时候就出动智慧机器，这不也是不久以前的事吗？而现在他自己也把这架老旧的机器拖了出来[1]，给它起了一个新名字："第一原动力"。

路又把他引向不存在的世界。

他想，在我们的下界，一切在变，但是在月亮天球之外是没有变化的，那里是

---

[1] 阿那克萨哥拉的"智慧"和亚里士多德的"理性"在俄文里是同一个词 разум。

永恒事物的领域。因为天体不是用地球上的物质做的——不是用土，不是用水，不是用火，不是用空气，而是用纯洁、永恒、不朽的以太做的。

亚里士多德重新回忆起柏拉图的学说，他在世界的上面又造了一个虚幻的天上世界，那里没有毁坏和灭亡，那里的运动也跟地上的不同，那里什么都不上升也不下落，那里一切都处于永恒的、沉着的旋转运动中。

就像这样，亚里士多德一会儿找到正确的道路，一会儿又迷途了。今天他断言，没有没有肉体的灵魂，没有没有物质的形式，他无情地批评柏拉图的理念学说。而明天呢，他自己又变成柏拉图的继承者，谈起不包含一点物质的"第一原动力"和"别个世界"来了。

他努力把全部的希腊学问收集到一起，常常把那些不能合并的东西合并了——柏拉图和德谟克利特，旧宗教和新科学，唯心主义和唯物主义。但是亚里士多德尽管在许多地方犯错误，他仍旧不失为古代世界的最大的思想家。

第五章

征服世界的两种不同方法

    亚里士多德有许多学生。他喜欢跟他们在雅典一所叫吕克昂[1]的学校的长廊里散步，边走边谈。雅典人给亚里士多德和他的学生们起了一个别名叫"逍遥派"。

---

[1] 吕克昂学校是亚里士多德在雅典创办的一所学校，后来成为古希腊科学发展的主要中心之一。

186

他们来回地走。学生们为了要听见每一句话，尽力设法不落在老师的后面。在拐弯的地方，他们恭恭敬敬地让开道，请他走在前面。

这一场完全不是无聊的散步结束之后，学生们就散开，去各干各的事。有些去采集百草，有些去研究动物的构造，有些在沙子上画图形和三角形。还有这样的学生，他们用纸卷把自己围起来，从那里面摘录笔记。

他们在帮助老师。仅仅为了写一篇论国家的文章，亚里士多德就不得不研究一百五十八个希腊城邦的制度！而亚里士多德所著的书将近一千部，这是只有像亚里士多德这样的巨人才负担得起的艰巨工作。但是假如他没有这些学生和助手，光靠他自己是应付不了的。这支小小的军队一天一天地在通往真理的道路上向前推进得越来越远，他们的散步就是征服者的进军。统帅交给了他们一个任务：把所有科学家们零碎的观察和结论统一成一种关于宇宙的科学。

这种科学已经有三百岁了。在三个世纪里——公元前六、五、四世纪有过多少科学家啊！而每一个科学家都曾经创立了一些什么，建立了一些什么。这许多学说往往也像希腊的城市那样，彼此敌对着。

这一切必须加以比较、核对，统一成伟大的科学的王国。

这个强大王国的领域越来越扩大了，学校的首脑划定领域的疆界。

一个领域叫作数学，另外一个领域叫作物理，第三个领域叫作植物史，第四个

泰奥弗拉斯托斯像

亚里士多德与亚历山大大帝

领域叫作动物史，第五个领域叫作科学史，第六个领域叫作伦理学，第七个领域叫作政治学……这些领域，这些在科学王国里的行省多得很。而在所有这些科学之上统治着的是最高的第一门科学——哲学。

主持编植物史的是亚里士多德的高足和追随者——泰奥弗拉斯托斯[1]。从事于研究科学史的是欧台谟[2]。亚里士多塞诺斯[3]研究和谐的规律。狄凯阿克斯[4]研究地理……

学生们每天聚集到吕克昂。但是当亚里士多德和他们谈话的时候，他常常伤心地想起他的第一个，也许是最好的一个学生——就是那个人，他把科学家的和平武器改换作征服各民族的利剑。

马其顿[5]的国王腓力[6]曾经给亚里士多德写信说："感谢神明使我的儿子亚历山大[7]和你生在同时期。因为我希望他经你教育之后，将来成为我的王位的极适当的继承者。"这时候，亚里士多德自己还是青年。

国王腓力是个强有力的君主。他把希腊的许多敌对的城市结集成一个王国。

马其顿国王腓力二世复原像

亚历山大大帝

---

[1] 泰奥弗拉斯托斯（前371—前286），逍遥派的著名代表之一。

[2] 欧台谟（约前390—约前300），亚里士多德的学生和朋友，整理亚里士多德的《伦理学》，著有数学、天文学史。

[3] 亚里士多塞诺斯（约前375—约前335），古希腊哲学家，亚里士多德的学生，研究音乐。

[4] 狄凯阿克斯（约前350—前285），古希腊的地理学家，曾利用亚历山大远征所获得的地理知识，绘制出一幅已知世界的地图。

[5] 马其顿王国是巴尔干半岛中部的古代奴隶制国家，公元前四世纪中叶建立。

[6] 指腓力二世（前382—前336），马其顿国王，公元前359—前336年在位。

[7] 亚历山大（前356—前323），马其顿国王，公元前336—前323年在位。

　　甚至于爱好自由的雅典，都不得不承认自己在他的统治之下。他想望能获得伟大的战绩，因此他希望亚历山大能完成他所开始的事业。

　　做王子的老师，尤其是做希望称王全世界的王子的老师，是很不容易的。

　　亚历山大尊敬亚里士多德，也尊重科学。他送给他的老师八百塔兰特——这些金子多得连十辆车子也拉不完。亚里士多德用这笔金子买了不少最稀贵的手抄本。

　　假使亚历山大不是国王而且听从他的老师的话，他就会跟别的学生一起在吕克昂的林荫道上散步，在哲人们的路上散步了。老师将领他不仅走到地的边缘，而且走到远在天空发光的天体，走向深不可测的空间。

　　他将为科学、为全人类去征服世界，而不会只为了自己和马其顿了。

　　但是亚历山大在远方：他在地的边缘跟神出鬼没的草原上的骑士打仗，在抵御印度战象的袭击。

　　是什么把他引到那里去的呢？

　　据说，在他出征之前，他把自己所有的奴隶和所有的领地都分赠给朋友们了。别人问他："你自己留下了什么？"他回答道："希望。"

正是希望女神把庞大的军队引到亚洲去。

在那里的宝库里放着波斯王的财富，那里，在那世界的边缘，在印度，神话里的格里芬[1]——鹰头狮身的怪兽在看守着黄金。

亚历山大的每一个同行者都指望在东方能找到他所想望得到的东西。

有许多奴隶和黄金的人想增加他的财富。什么也没有的人也想得到些什么，即使一点点也好，以便最终摆脱掉讨厌的伴侣——刁恶的贫穷。

留在家里的人不哭泣，也是希望女神在安慰他们。

穷人们的妻子和孩子相信，他们的丈夫和父亲将从东方给他们带回他们在家里没有见过的幸运。富人们高兴，他们将不再受到饥饿和贫穷的流浪汉的嫉视。

在亚历山大的同行者中，也有一些科学家。他们希望去研究新的国土，走到谁都不知道的地方去，带回一些奇花异草和珍贵野兽的剥制标本。

国王亚历山大把科学家们带了去，他没有白做亚里士多德的学生。

希望女神把大军引过平原和山地。

她使人们在俾路支沙漠里忘记口渴和酷热。当他们越过兴都库什山脉，在被雪遮盖着的隘口上，她使他们暖和。在每一根树枝都可能是毒蛇的印度丛林里，她给予他们支持的力量。

战斗不知道多少次，进军是没有尽头的。

成千的车辆把军队掳掠来的黄金运向西方。

---

[1] 格里芬英文作 griffin，是希腊神话里看守宝物的鹰头狮身有翅膀的怪兽。

但是军队本身却变得越来越像一群庞大而杂乱的褴褛乞丐了。战士们的衣服变成了破烂布片，剑钝了。马蹄由于漫长的行程磨损了。

亚历山大想出来的真是一番了不起的事业，他想成为全世界的统治者。假如他知道地球有多大的话，他就会明白企图征服它是多么荒谬了。

在他用来确定行军路线的地图上，世界的边缘根本不怎么远——就在巨大的河流药杀河[1]和印度河的那边。在这幅地图上，里海是突入环绕世界大洋的一个海湾。

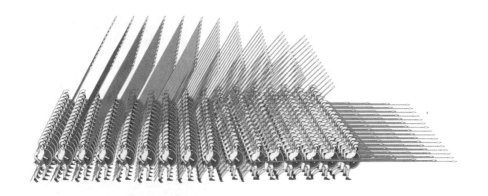

---

[1] 药杀河是锡尔河的古称，音译雅克萨尔特斯，我国《隋书》《新唐书》作"药杀水"，源出天山山脉西段，流经哈萨克斯坦境内，注入咸海。

亚历山大进到药杀河，就是现在的锡尔河。他以为这里是欧洲尽头，在欧洲之外就是把水送来的海洋了。

可当亚历山大一站在河边上，他看见在河的那一边不是水的海洋，而是草的海洋——没有尽头的草原。在草原上游牧着一些尚武的民族——西徐亚人、哈萨克人和马萨格泰人，他们的后裔到现在还住在我国。戴尖头毡帽的骑士会突然出现，向人袭击之后又跑得不知去向了。

那个时候，在后方，中亚细亚的民族正发生暴动。

于是那个以无敌出名、只知勇往直前的亚历山大不得不第一次尝到了退却的痛苦。

他转向印度。他的老兵们死在如雨的箭下，死在印度战象的沉重的脚下，淹死在昼夜不停地从天上落下的水的洪流里。他们已经长途跋涉了十

年，但是世界的边缘还是看不到。在印度以外又展开新的广大的土地和新的流入未知海里的江河。

士兵们不愿意再往前走了，他们丢掉了自己的剑和盾。他们不再听从他们的官长了。

希望女神欺骗了他们，她曾经应许把全世界给他们。现在，她给了他们什么呢？残废和创伤，疾病和饥饿。士兵们怨声载道。为了使他们不再埋怨，亚历山大下令把载在车上的酒桶打开。于是无敌的军队在军笛声中唱着醉歌，踉踉跄跄地走了回来。

亚历山大没有能够征服世界。

即使是他所征服了的从意大利到印度的那一部分世界，在他死后，也依然像一盘散沙似的崩毁了。

跟他一起去的科学家们比较幸运些，他们为科学而获得的战利品并不只保留一年或十年，而是多少个世纪。

他们一回到家里，就给自己的弟兄们讲述他们看见和发现的科学。

当泰奥弗拉斯托斯撰写自己的《植物史》的时候，他们的旅途杂记就放在他的眼前。

他从他们那里得知，在炎热的地方有一种"像森林的树"。望上去，这棵树好像不只有一根树干，而是有许多根树干。但是这些不是树干，而是从树枝向下生出的气根。

那里有一种夜里睡觉的树：一到晚上，它的羽状叶就彼此叠起来，闭合上了，等到早上，睡醒了，又像张开眼睫毛似的张开了。

那里生长着比树还高的芦苇，那里有从树上鸟的羽毛似的叶子中间挂下来的一串串长长的甜果，这种果实只要吃几个就可以填饱肚皮。

这一切都不是神话：每一种树都描写得很精确，甚至于连树叶上最小的锯齿边缘都描写出来了。

但是旅行家们的眼睛不只看见了树叶上的锯齿边缘，他们锐利的眼光还力图看见展开在他们面前的整个绿色的植物王国。

在最高的高山脚下，他们看见棕榈林、香蕉林和竹林。再往上，是常绿的树木，这使他们想起故乡——想起月桂树和木莲来。再往上，沿着山坡顺序地生长着阔叶林和针叶林，而在针叶林之上，山坡被苔藓和草覆盖着。每一座山都和地面上从炎热的南方到酷寒的北方的情形一样。

跟亚历山大一起去的科学家们还带回许多别的新发现。

在这次长期行军中，亚历山大或许曾经不止一次羡慕过这些人，他们替自己打算得那样少，替科学打算得那样多。

据说，还在他进军亚洲之前，有一次在科林斯，他去拜访了哲学家第欧根尼[1]。这位哲学家不能在自己家里招待客人，是由于一个很简单的原因：他根本没有家，他像犬一样住在一只破旧的桶里。但是这个贫苦的哲人还是说，他比国王还幸福。

没有任何苦难能使第欧根尼驯服地低头。

---

[1] 第欧根尼（约前412—前323），生于锡诺帕（在今土耳其境内，叫锡诺普），所以史称锡诺帕的第欧根尼，是古希腊犬儒学派哲学家。

有一天，他落到奴隶市场上，出现在被出卖当奴隶的人群中。

他向顾主说："假使你不想给自己买个奴隶，而想买位主人的话，那就买了我吧。"

两个骄傲的人碰到了一起：宇宙的主人亚历山大和破桶的主人第欧根尼。

亚历山大提出愿意满足第欧根尼的任何愿望，但是第欧根尼只向他要求一件事："走开，不要挡住我身上的太阳光。"

亚历山大临走的时候说："假使我不是亚历山大，我就想做第欧根尼……"

侵略者用进军的尘土和大火的浓烟挡住了成百万人身上的太阳光。但是浓烟终于消散了，尘土终于落下了，战利品终于丧失了……

敌意和友谊

在这本书里，我们不是叙述人类的历史。

我们要谈的是，人怎样前进，他怎样移开自己的世界的围墙。

有时我们把故事拉得很长，为的是仔细看清楚在前进路上的每一粒石子和每一棵树木。但是如果我们总是走得这样慢，我们就会只见树木，不见森林了。

你读一读人类的历史，乍一看似乎它是没完没了的一连串流血的侵略战争。

巴比伦人、亚述人、埃及人和波斯人的国王

们，为了想征服全世界，有过多少次的进军啊！在庙宇墙壁上的题词里，他们已经预先郑重其事地宣布过自己是"世上四国之主""万王之王""天下之王"。

他们向前行进，把杳无人烟的荒原变成人口稠密的繁荣的地方。江河穿过打开的闸门闯出去，变得自由自在了。混浊的水又用泥沙把城市掩埋起来，于是沙丘像坟墓似的留在从前是城市的地方。

究竟哪一个侵略者成了宇宙的统治者呢？

亚述的国王统治了所有邻近的国家——从亚美尼亚的山地到尼罗河的险

滩，从塞浦路斯到埃兰[1]。

波斯的国王们把他们国家的国境向西扩展到色雷斯，向东扩展到印度，向北扩展到黑海，向南扩展到阿拉伯。

马其顿的国王亚历山大征服了波斯，征服了巴比伦，也征服了埃及。

但是这些想征服世界的人谁也没能征服世界。

世界比他们想象的要大得多。

他们所有的"世界王国"在广大地球上却只占很小的一块地方。

而且能够占据多久呢？

"世界王国"刚刚成长，就开始四分五裂。就在它的碎片上，那些流血的、毫无结果的征服世界的工作又重新开始了。

但是即使在这到处是敌意的时候，伟大的建设工作也没有停止过。

在大海上，船舶从一个口岸驶向另一个口岸。在陆地上，商队走过了沙漠和山地。

农夫、石匠、铁匠和矿工们的手不停地努力干活。他们从土地取得它的财富。他们在"铜岛"塞浦路斯开采铜，在"黄金国"努比亚开采黄金，在"银山"托罗斯山开采白银，在雪松盆地腓尼基采伐造船用的木材，在琥珀海岸波罗的海岸采取琥珀，在"锡岛"不列颠开采锡。

金属锭、织物、碗杯和纸莎草纸卷装在制造得很坚固的船上，或者驮在骆驼背上，在水上和陆上旅行着。

带着邮件的波斯驿使，比鹤还快地在从爱非斯到苏萨的王家大道上奔驰。一个驿使把包裹和信件传递给下一个。当一个驿使还在客店里从筋疲力尽的汗湿的马背上取下马鞍的时候，另外一匹马已经在路上驰骋了。假使早晨才在爱琴海里捉到国王吃的鱼，不到晚上，它已经新新鲜鲜地被送到波斯国另外一端的苏萨了。

---

[1] 埃兰是波斯湾北边的一个古国，首都是苏萨。

东西和信息、风俗和信仰、言词和传说从这一国旅行到那一国。

跟字母一起，还有重量、长度和时间的量度，日子和月份的名称，也从这一民族传到那一民族。

磅是从巴比伦的金弥那[1]演变过来的，一米比巴比伦的双肘尺[2]短几毫米。

钱币是从东方传来的。小亚细亚的吕底亚人最先开始铸造钱币，所有的邻国人都叫他们是"小商人民族"。"切克"[3]——这是波斯语。俄国的一"切特维利克"恰恰等于罗马的一"夸德兰塔尔"[4]。

能工巧匠发明的武器和园艺家细心培育的果树，都从这一国传到那一国。

从我们周围所看见的一切，从我们自小用惯的、我们人类世界所熟悉的每一件东西，都有一条线一直连到远古的时代。

世世代代的各族人民的劳动创造了我们现在所掌握的财富，创造了叫作"文化"的那种东西。

各族人民彼此伸出手来。这一种民

[1] 弥那是古时候的重量和货币单位，一弥那等于一塔兰特的六十分之一。

[2] 肘尺是古时候的长度单位，指从肘到中指指尖的长度。双肘尺就是两倍肘尺的长度。

[3] "切克"是音译，俄文是 чек，英文是 check 或 cheque，它的意思是支票。

[4] "切特维利克"和"夸德兰塔尔"都是音译。"切特维利克"俄文是 четверик，是古俄罗斯的容量单位（等于 24.4 升）或地积单位（等于四分之一俄亩）。"夸德兰塔尔"俄文是 квадрантал，英文是 quadrantal，也是四分之一的意思。

族所没有的东西，那一种民族有。这一种民族不会做和不知道的事情，那一种民族会做和知道。

劳动创造的财富增加了。

但是哪儿有精巧勤勉的人们，哪儿也就出现爱依靠别人来生活的人。

侵略者在地面上走来走去。他们所需要的不是这个土地，而是需要耕种这些土地的手。他们杀死成千上万的人，为的是把剩下来的人变成奴隶。从被打死的人们身上可以取得什么呢？活人可以被迫去干活。他们最希望得到的战利品不是金，也不是银，而是奴隶——"活的被打死的人"，埃及人就是这样称呼奴隶的。

劳动变得越来越强有力了，战争也越来越激烈了。它也像是奖章的背面[1]。战争不能够没有劳动，奴隶的手锻造剑，而剑需要用来获取新的奴隶。

奴隶建造战船，奴隶铺设侵略者所走的道路。

侵略者用剑的力量征服一个又一个的国家。每一个侵略者都以为自己是天下之王，但是难道只靠剑的力量能长久团结各族人民吗？

---

[1] 所谓奖章的背面，意思是事物的坏的一面。

关于马其顿的亚历山大有一个传说，他有一次用剑斩开一个谁都解不开的死扣。

但是亚历山大非常明白，用剑只能够把它斩断，不能够把它解开。

为了比较牢固地把各族人民联结在一起，他就设法使各族人民互相结亲，他叫上万士兵娶了波斯女人，他自己也在那同一天娶了波斯国王的女儿。

这在全部历史中是规模最大的一次婚礼。

哲学家第欧根尼把自己称作宇宙的公民。亚历山大想做宇宙的统治者和神。他选了巴比伦做首都，并且让埃及的祭司宣布他是太阳神阿蒙[1]的儿子。他叫成千的希腊人移居到亚洲去。

在途中，他到处都建立起唤作同一名字的城市——亚历山大里亚。在这些新的城市里，生活方式也跟从前不一样了。

旧的和新的

从前，人们认为雅典是大城市。这不仅仅是一座城市，这是有成万所房子的国家。但是过了一个时期，这个城邦里人太拥挤了。

奴隶的劳动创造出堆积如山的货物。在城里的市场上，已经找不到足够数目的买主了。这需要把货物运到海外去，但是在船主停泊的每个港口，即使不卸货，也得纳税。到处都有关卡。甚至有这样的情形，住在狭窄的港湾沿岸的人们把港湾硬隔断开来，让外国商人不管心里愿意不愿意，都不得不靠到岸边来付钱。

在外国城市里，即使是从别国来的最有钱和最有名望的人，也只是没有一点儿权力的异国人。他不能给自己买房子，置田产，他必须在当地的居民中间替自己找个保护人，好保护自己的权利、自己的财产。

在商人中间，已经有同时跟许多城市做买卖和派遣整队商船去航海的那种人了。

每一座小市镇都有自己的税关，自己的钱币，自己对付外国人的法律，这对于那些商人很不利。

为了更加扩充自己的事业，这些最富有的商人需要一个有这样辽阔疆域的国家，它不只包括一座城市，而且包括许多城市和地区。

把钱放给商人们生利息的高利贷者和大作坊的所有者，也希望这同样的事情。

---

[1] 阿蒙神原是底比斯所崇拜的神。后来底比斯统一埃及，把原来埃及所崇拜的太阳神拉神和阿蒙神合称阿蒙-拉，也被认为是太阳神，成为全国最高的神。

阿尔西比亚德

马其顿国王腓力二世

这些拥有成百奴隶的作坊，制造商品不只为了自己的市场，也为了离得极远的城市的市场。

为了扩大国家的疆域，需要侵略战争。

可是需要侵略战争也为了从被征服的国家获取奴隶和原料——羊毛和皮革，铁和铜。

于是开始了侵略的进军。雅典人阿尔西比亚德斯[1]率领舰队到西西里去。他想统一西部和东部希腊的城市，但是进军的结果，雅典人失败了。

过了许多年，马其顿的国王腓力又着手去统一希腊城市。他的事业由亚历山大继续下去。

后来亚历山大的国家分裂了。但是分裂成的几块仍旧不算小。叙利亚、马其顿、埃及，这些都已经不是从前的城邦了，这些已经是广大的国家了。

为了侵略，为了建立大的国家，为了保全奴隶主们所积蓄的财富，为了保护制度不受到不平的人们的破坏，都需要强大的权力。统治阶级开始恢复君主专制制度。

埃及、叙利亚和马其顿都是由国王统治的，人们像神明一样尊敬他。

对于新的国家制度，需要新的哲学。需要向人们证明，服从权力是社会最崇高

[1] 阿尔西比亚德斯（前450—前404），雅典的政治家和将军。

的美德，国家应该由少数人来统治，人民是羊群而统治者是牧人，应当依照统治者所喜欢的那样来思想。

应当证明，人类已经把科学引进了死胡同，真理已经掉入了陷阱。唯一的出路是回到对神的信仰上去，国王的权力是神给予的权力。

对于哲学来说，这是后退——从新科学退到对神和虚幻的灵魂世界的信仰上去。

泰勒斯、阿那克西曼德、阿那克西米尼、赫拉克利特、阿那克萨哥拉、德谟克利特……这些都是前进路上的标志。

苏格拉底、柏拉图和他们的继承者们……这些已经是落潮，是向后倒退。

那么亚里士多德呢？虽然在他的著作里可以找到整页的摘引德谟克利特的字句，他也是后退的。

但是历史是不会回到过去的。

人们说要恢复父辈的制度和父辈的信仰。

但是柏拉图的哲学并不是"父辈的信仰"。"父辈"曾经天真率直地信仰诸神的存在，却并不想证实这一点。而柏拉图却尽力想把科学的外貌给予自己的学说，使它能够经受得住跟真正科学的斗争。

"父辈"也并没有论证过什么是善，什么是恶。他们只认为履行神的意志就是善，破坏这个意志就是恶。

而苏格拉底却企图像个数学家证明定理那样，证明道德的规范。从表面看来，苏格拉底的学说可能像是跟旧宗教相抵触的。这就难怪人们控告苏格拉底，说他叫人们信仰新的神了。

新的信仰和新的制度都跟以前的不相像。

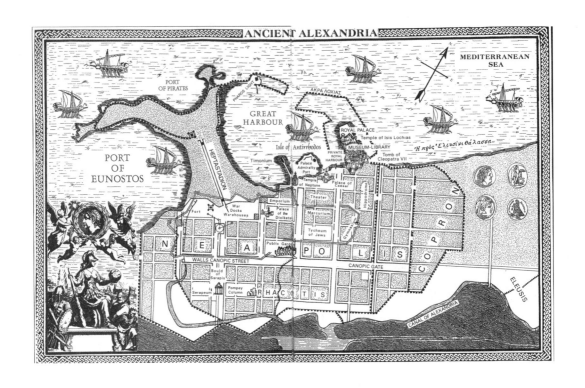

在"父辈"的时候，统治国家的是世袭的贵族。现在却是生意人、高利贷者以及跟全世界做买卖的最富有的商人都变成了显贵。

从前，城里的人敌视别国人。

如今却产生了这样的城市，城里的所有别国人，或者更准确地说，所有的人——不论是希腊人、埃及人还是腓尼基人——都同样地是自己人。

只要到亚历山大里亚去逗留一个时期，就可以看见，新的生活是多么不像"父辈"过的那种生活啊。

读者认不出熟悉的地方了

从前有过一个时期，埃及的居民觉得埃及是个狭窄的小房子。海是无法逾越的墙壁，每一个别国人都是仇敌——魔鬼的儿子。

如今，这片海像进入世界的宽广的大门一样地开启了。紧挨着海的大门，出现

了一座城市，变成了世界的中心……

离亚历山大里亚还很远，周围还只是一片咆哮的大海。但是水手们锐利的眼睛已经辨识出远方的灯塔。它从水面上升起得越来越高。现在已经看见，它是建立在另外一座比较高的塔上的。

风吹着船帆。成百副灌了铅的船桨在桨架上轻快地滑动着，一下子激打起许多水花。但是水手们觉得，不是船在向塔驶去，而是塔在向船漂来。在塔尖上，海的主人——海神波塞冬在挥动着三尖叉，欢迎别国来的客人。

不是一艘船，而是成十成百艘船，从世界的各个尽头向亚历山大里亚驶来。

港口里拥挤不堪。轻巧的三层桡船旁边，停泊着载运成千吨谷物的笨重的大船。但是这些大船跟国王的有多层的船比起来，还显得很渺小。

海外来的客人惊奇地仔细打量那华丽的水上宫殿，上面有三十排划手，有四副舵，还有像船桅一样长的桨。

当一些船驶进港口的时候，就有另外一些船往外驶出去。

一下子就可以说出，驶出的船比驶入的船重：它们吃水比较深，它们转身比较

慢。显然，它们一定装载着很重的货物……

现在客人上岸了，挤在喧哗的杂色的人群中。在跟他们同样的别的客人中间，已经不能够立刻找出他们来了。在这里，人们说哪一国的语言呢？或者不如说，人们在这里不说哪一国语言倒更容易些。在这里可以遇见希腊人、犹太人、腓尼基人、罗马人和波斯人。喏，这是从黄金和象牙之国来的努比亚黑人。喏，这是从阿拉伯——香料的故乡——来的白胡子族长。

亚历山大里亚城也有它本城的语言，这种语言里夹杂着各国语言的词儿——希腊语的、埃及语的、犹太语的，就跟人群中的人一样。

在这里，可以亲眼看见世界扩大了多少。

海路把亚历山大里亚跟远在美奥齐亚湖——就是现在的亚速海——沿岸的潘底堪帕姆——就是现在的刻赤——连了起来，也把它跟拜占庭[1]、跟雅典、跟叙拉古、跟迦太基[2]、跟马西里亚——就是后来的马赛——连了起来。

从东方向这里运来香料和调味料，象牙和鸵鸟羽毛，印度的钢和印度战象等。尼罗河把西方和东方连到一起了。宽阔的运河把红海和尼罗河连了起来，船舶沿着尼罗河驶向亚历山大里亚，驶向地中海。

---

[1] 拜占庭是古希腊殖民城市，就是今土耳其的伊斯坦布尔。

[2] 迦太基是非洲北部（今突尼斯）的古代奴隶制国家，约公元前 814 年由腓尼基城邦的移民所建。

铸有埃及国王托勒密[1]像的金币、希腊花瓶、彩色玻璃杯、珠子、手镯从亚历山大里亚运向东方，运向中国；而从中国，经过海和沙漠，运来五颜六色的丝绸和描花的花瓶。

在那里，在中国，人们也在干活：跟大自然做斗争，开沟渠，垦荒地，建设城市，在河上架桥梁，用石头铺道路。

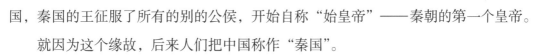

当亚历山大建立他的庞大国家的时候，在中国，秦国的王征服了所有的别的公侯，开始自称"始皇帝"——秦朝的第一个皇帝。

就因为这个缘故，后来人们把中国称作"秦国"。

秦始皇的京城咸阳是七十万农民和奴隶建设的。他们在河的两岸上，用冷杉、香樟和珊瑚木建造了两排宫殿，在河上架了一座有廊的桥，宫殿用走廊连了起来。大雨滂沱的时候，皇帝和他的近侍可以从一座宫殿走到另一座宫殿，连一滴雨都不会落在他们的绣金的衣服上。

为了建造皇帝活着的时候居住的这座京城，花费了巨大的劳动。但是给他造死

---

[1] 托勒密一世（前367年—前282），原是亚历山大部将。亚历山大死后，公元前305年，托勒密占有埃及，正式称王，建立托勒密王朝。以后有十六个国王都称托勒密。

后的住宅还比这困难得多。

他们把神圣的骊山改作皇帝的坟墓，把流过平原的河床排干，改成通向墓里去的长长的地道。

工匠们按照宇宙的样子建造了这座宫殿——皇陵。

他们用青铜浇铸地板，凸凹成山岳和平原。天花板做成苍穹的样子。在河床里注上水银，靠巧妙的装置使它滚动。在闪烁着的水银河的两岸上，放了许多玩具似的宫殿。

没有广博的知识是造不出这样的宫殿来的。

那时候值得中国自豪的，不仅有工匠，还有科学家也不比工匠差。

帝国里的头等人物是大天文学家、大建筑师和大著作家。

大天文学家的主要任务是预言日月食，假使他预言错了，就判处他死刑，认为这样的错误可能使天迁怒于皇帝和整个帝国。

从很古以来，每一次日月食都作为一桩重大的事件被记入竹简的编年史——用竹片订成的书里。

当阿那克萨哥拉、德谟克利特和苏格拉底在希腊讲学的时候，中国也有它本国的大哲学家。

哲学家墨子写下了关于认识的论文——关于人们怎样思想以及正确的推论跟不正确的推论有什么区别。他也写到，什么是物质和能量，能量就是在运动中的物质[1]。

他揭发贵族的荒淫无耻和挥霍浪费的罪恶，号召人们起来向非正义和压迫做斗争。他看见，非正义的战争给人民带来多少灾难，他说，只有普遍的统一才能拯救人类。

这个哲学家同时也是一个伟大的工程师。他发明了抵御破城武器和攻城云梯的保卫城堡的方法。

人们谈到他的时候说：

---

[1]《墨子》里没有讲到能量，只讲到力，说"力，形之所以奋也"，意思是：力是物体所以能运动的原因。

　　为了国家，假使需要把身体上的整块皮献出的话，他也会允许别人把
它揭下来的。

那时候，中国还有许多别的大哲学家。

老子讲世间的一切都在动，一切都是变化无常的；一切都是从单一产生出来，
一切又都归于单一。何必珍视暂时的幸福呢？只有那放弃俗事的人才是哲人。

另外一个哲学家列子，在他的著作里描绘了一个想象的国家，那里没有权力，
也没有压迫。

亚历山大里亚的商人在自己旅行的时候初次听到的这个世界就是这样的。

关于遥远的西方世界的最早消息也传入了中国。

在中国，人们也早已明白，他们的江河流域还不是整个大地。他们向西走得越
来越远。

中国皇帝的使者张骞走过了蒙古和东土耳其斯坦[1]的沙漠。他在遥远的西方找

---

[1] 东土耳其斯坦指我国新疆的西部和南部地区。

到了在他故乡任何人没有听说过的地方。中国军队走到了里海。中国的商人和僧人走到了印度。

那个希腊人认为是世界东方边缘的地方，对于中国人就是世界的西方边缘了。

被山脉和沙漠隔开的两个世界初次相遇了，而且相互了解了。

中国的艺术家们仔细地研究了描花的希腊花瓶，向自己说：这些外国人有可以叫我们学习的地方。

世界向西方扩大了。

有过一个时期，人们认为大洋是世界的边缘。而现在他们跨过了这道边缘。他们走过赫拉克利特柱子，向北方航去。

马西利亚的水手毕特阿斯[1]发现了不列颠。这个古代的哥伦布[2]回到家里之后说，远在不列颠后边六天的航程，还有另外一块土地——图勒岛[3]。

现在人们不再把赫拉克利特柱子而开始把图勒岛当作世界的边缘。

在亚历山大里亚的作坊里，锻冶匠把塞浦路斯的铜和不列颠的锡熔在一起。在亚历山大里亚的市场上，妇女们购买"凝结的河神的眼泪"——就是从厄尔巴沿岸运来的琥珀。

一条路经过许多作坊，经过许多商店，从亚历山大里亚港通向城里。

这座城不像它的老大哥们。它不是随随便便地自己长起来的，而是按照计划建

---

[1] 毕特阿斯（公元前 330 前后），希腊航海家。

[2] 哥伦布（1451—1506），意大利航海家，1492 年横渡大西洋，以后又三次航行，先后到达中美、南美洲沿岸和一些岛屿。

[3] 图勒是古代所说的世界极北地区，有人认为指挪威，有人认为指冰岛，有人认为指设得兰群岛中的最大一岛梅恩兰岛。

造的。两条大街，每条都有五十步宽，彼此垂直交叉着。但是其余的街道也都很宽，在街上，彼此毫不妨碍地自由自在地奔跑着马车，驰骋着骑马的人们。

这些街道是按照新的方式用字母来称呼的：不叫陶工街或玻璃匠街，而是叫阿尔法街、贝塔街、伽马街 [1] 等。宫殿和庙宇差不多占全城三分之一的面积。庙宇的墙壁跟从前一样用许多象形文字点缀着。但是最大的庙——塞累彼翁——不是供奉古代神的，而是供奉新的神塞累彼斯 [2]——多种族的亚历山大里亚的保护者。

亚历山大里亚的居民传说，国王托勒密有一次做了一个奇怪的梦，梦见一个个子很高的漂亮青年出现在他的面前说："你尽快派一艘船到本都 [3]——就是我所居住的地方——来接我吧。"

早上，国王托勒密把他所做的梦讲给祭司们听，但是他们关于这个地方什么也不知道。

托勒密忘记了他的梦，但是青年又重新出现在他的面前，重复了一遍命令。托勒密派人去问德尔菲的神谕，这种幻象究竟是什么意思。神谕解释说，青年是住在锡诺帕城里的美的神。托勒密就急忙派遣一艘船到那里去，但是锡诺帕的国王不愿意把神的像交给别国人。这时，巨大的神像自己从庙宇里走了出来，上了船，用空前的速度——在三天里——到了亚历山大里亚。

竟发生了这样的事情，在多种族的亚历山大里亚，连神都是远方来的客人。

在这座埃及的城里，一切都是海外来的。在埃及统治的不是埃及人，而是希腊人托勒

---

[1] 阿尔法、贝塔、伽马是希腊文头三个字母 α、β、γ 的音译。

[2] 塞累彼斯是古埃及下界的神。

[3] 本都原来是希腊语 πoντos 的音译，意思是"海"，是黑海东南岸的奴隶制国家，公元前四世纪末建国，公元前 183 年定都锡诺帕。

密——亚历山大的一位将军的后裔。住在亚历山大里亚的人当中，希腊人比埃及人多得多。从前，埃及人无论怎么也不会同意跟希腊人坐在一张桌子上吃饭。如今在亚历山大里亚，希腊人却变成了一半的埃及人，埃及人却模仿希腊人的许多事情。

国王托勒密称自己是法老，并且给自己的希腊名字加上一个埃及名字："索特普-尼-拉-弥阿蒙"，意思是"拉神的选出者，阿蒙神的心爱人"。希腊人给奥西里斯神上供，埃及人给自己的普塔神[1]起名字叫赫菲斯托斯，给托特神起名字叫赫耳墨斯。

就像这样，在这座新的城市里，各族人民的名字、信仰、语言和风俗习惯都彼此混合了，在从前，它们不仅被大海分隔开，而且还被难以攻克的敌意的墙分隔开。

亚历山大里亚是世界的中心，世界

---

[1] 普塔是古埃及孟菲斯地方的丰神。

在它里面像在镜子里似的反映着。

不是不久以前，水手们还讲述关于稀奇的野兽和稀奇的地方的故事吗？

如今，每一个人都可以到王宫旁边的动物园去，那里收集着许多活的不是虚构的怪物——来自热带非洲的象、长颈鹿和巨蟒。

这里也有植物园——大概也是世界上的第一个。在亚历山大里亚的潘神[1]小林里，生长着森林之神潘在自己故乡希腊从来也没有见过的树木。

在亚历山大里亚图书馆的书架上，收藏着几十万纸莎草纸卷。光是目录就

---

[1] 潘神是希腊神话里的畜牧神，住在山林里保护牧人、猎人。

216

有一百二十卷，叫作："在一切知识领域放出光辉的著作目录"。图书馆的主任是有名的科学家埃拉托色尼[1]。

柏拉图在阿卡德米亚（学园）有过许多学生，亚里士多德在吕克昂的学生更多。但是无论阿卡德米亚或吕克昂都不能跟亚历山大里亚的博物馆——缪斯神庙[2]——相比。

曾经有过一个时期，人们只为神建设庙宇。如今他们为了向科学表示敬意，建造了富丽堂皇的庙宇。

这里，在缪斯神庙里居住着国王从许多城市请来的科学家。他们除了学问以外，几乎什么事情也用不着操心。他们从国库里领取他们为了工作、为了旅行和为了做实验所需要的一切。

每天他们在一起吃午饭，饭后就开始谈论科学。

埃及国王是一个强大国家的统治者，他们知道得很清楚，科学就是力量。他们知道：数学和机械学是建造堡垒、战争机器和船舶所需要的，天文学是航海所需要

[1] 埃拉托色尼（约前275—前193），古希腊地理学家、天文学家、数学家和诗人。

[2] 博物馆的俄文是музей，英文是museum，拉丁文是musaeum，都来源于希腊神话里的文艺和科学女神缪斯，就是这里所说的缪斯神庙的意思。

的，医学是治病所需要的。

国王托勒密不吝惜赏赐科学家、诗人和哲学家。科学家扩大了他的军事威力，增加了他的财富。诗人歌颂他。哲学家证明，统治权是神赐予国王的。

从前，哲学和自然科学构成一个整体，最早的希腊哲学家们也就是大自然的研究者。

在亚历山大里亚，科学和哲学已经分道扬镳了。

哲学家们依旧认为哲学是"各门科学之上的科学"，但是他们已经没有权利这样说了。他们跟生活隔离开了，却企图"彻底"认识真理，他们不明白，认识世界不是单个人的事情，而是无数世代的人的事情。他们想把科学纳入他们的模式里，但是这只能妨碍科学的进步。

当天文学、机械学和其他关于自然的科学正在成长和发展的时候，哲学在亚历山大里亚越来越衰落。

这里的哲学家中，柏拉图的继承者最多。国王保护他们。柏拉图该满意了，托勒密比柏拉图的同时代者——雅典人——更加重视柏拉图。

可是这里的人对德谟克利特的信奉者们却侧目斜视。德谟克利特的著作在亚历山大里亚图书馆的书架上落满了灰尘：差不多没有人去看。有时候物理学家或者数学家想起德谟克利特的学说来，为了演绎定理或者阐释自然现象。但是，这种事情是偷偷摸摸地做的，因为无神论者和平等拥护者德谟克利特是不合当权者的心意的，不合那博物馆崇高的保护者们的

心意的。

博物馆，按照它的创立者的意图，是扩大规模的柏拉图的阿卡德米亚。但是博物馆既不像柏拉图的阿卡德米亚，也不像亚里士多德的吕克昂。

在吕克昂里，科学家们读书、讨论和观察，但是那里很少用实验来检验思想。

而在博物馆里，人们工作不仅用头脑，而且还用手。他们测量，称量，煮沸，混合，溶化。

这里，在书架和桌子上，不仅可以看见纸卷书，而且还可以看见仪器。天文学家不光是观看天空，在他们的观象台里还有许多测量用具。

喏，在大理石画柱上的是由两个青铜环构成的"浑仪"。

喏，这是"四分仪"——雕刻成圆的四分之一的大理石壁。这里也有"浑象"：它里面有四个青铜环仿照着天体的运动旋转着。这里有一种仪器叫作"找星仪"——"观象仪"，天文学家为了确定恒星在天空中的位置，用它来"找"恒星，来瞄准恒星。

这里，在博物馆里，研究者们敢于做古时候认为是违禁的事情。

在图书馆里，学者们修正荷马的诗篇，他们推测，在《伊利亚特》和《奥德赛》里有伪造的诗。有的甚至于怀疑，从前是不是真有荷马这个人。

在解剖室里，医生赫罗菲拉斯[1]解剖着人的尸体。他不害怕人控诉他亵渎宗教。

这样他发现了，不是心，像从前人们所想的那样，而是脑，才是思想的住所，充满动脉的也不是空气而是血。

还是在恩培多克勒的时代，克罗顿的医生阿尔克梅翁[2]就已经推测到，脑在控制动物的运动。但是阿尔克梅翁只解剖过动物，赫罗菲拉斯却违背古代的禁令解剖了人的身体。在埃及，这个问题比在希腊更容易解决，埃及人从古以来就用香料保存尸体。

还有实验室！那里装备着某种用弯曲管子连接着的铜锅和铜球……

亚历山大里亚博物馆是用实验做基础的科学的堡垒。假使在过去三个世纪里哲学家们没有思索过有关大自然的事情，就不会有这种科学了。

假使几千年来没有陶工、玻璃匠、铁匠和铜匠在他们的作坊和锻冶铺里干活的话，也不会有这种科学。

---

[1] 赫罗菲拉斯（公元前三四世纪），希腊解剖学家、医生，在亚历山大里亚行医。

[2] 阿尔克梅翁（活动时期约公元前五世纪），古希腊医生、哲学家，毕达哥拉斯的学生。

头脑和手

几万年来，手教着头脑。手越来越精巧，头脑也就变得越来越聪明。技巧扩充智慧。而头脑变得越聪明，它也开始越经常去管理干活的事了。

手抬不起大石板，但是建造庙宇或金字塔需要石板。

于是头脑就命令手把一根杠杆放在石板底下。

但是用杠杆只能抬起石板，又怎么把它拿到上面去呢？

没有头脑又办不了事情了。它想出了斜面。它建议在石板下面垫一根圆木——滚动比拖动容易。

但是要建造一条起重用的倾斜的路是很麻烦、很复杂的事情。

头脑又找到一个新的比较简单的解

决办法，它发明了滑轮。把绳索绕过滑轮，就比较容易提起重物。假使把重物再挂在另一个活动的滑轮上，那么，从前四只手都很难抬起的笨重的东西，现在用两只手就可以提起来了。

但是人觉得这样还不够：在手和重物之间，他们还要放上第三个、第四个、第五个滑轮。

滑轮越多，人的力气就变得越大。他已经能够毫不费力地提起只有巨人才提得动的重东西。

头脑帮助手。但是手还不让头脑休息，它们不停地向它提出新的问题。

手很难从河里取水出来灌溉田地，于是头脑就想出了装着桔槔的井，那就是用一根长的杠杆把水桶提起来。

但是水的需要越来越多。手对付不了这个活。

于是出现了辘轳。人把杠杆像一只把手似的装在轴上，手转杠杆，轴就转动，轴上绕着绳子，绳子上系着桶。

装着辘轳的井，装着桔槔的井——这是多么奇妙的新事物啊！它们将存在几千年，帮助手干活。

但是还需要更多的水。活儿越来越繁重了，需要训练了人们。

头脑开始思索，能不能完全不用手。它想起了人的四条腿的仆从，它们自古以来就习惯于拖拉重东西。人把马套在辘轳的杠杆上。马兜着圈子走，杠杆就跟着转，并且转动了齿轮。齿轮带动轴，轴上绕着系着水桶的绳子。

人的手摆脱了马的腿能够干的活。

然而手还得干更复杂的事：把轴车圆，把齿轮的齿切削出来。

头脑解决的问题越来越难，可是手干的活也越来越精细复杂。

人驱使马从河里汲水，但是他又开始思索，能不能连马也不用。何必去赶马呢？让河水自己一面流着，一面把水汲起来浇在田地里吧。

给手一个新的艰难的任务：制造一只会自己汲水的轮子，放在河里。

河水在河床里奔流着，遇见了障碍：装在轮缘上的叶片。河水推动叶片，人需要的正是这样。轮子转动起来，把水汲到上面去，到了上面把水倒在水槽里。

河水灌溉田地，田地里生长谷物。秋天，收割的时候到了，现在已经从麦穗打出了麦子，要碾这些麦子了。

从前是用手在很小的手磨上碾麦子，单单为了养活一个农夫的家庭，这种手磨足够了。

但是如果要养活整批军队，当像亚历山大里亚那么大的城市成长起来，一下子需要许多面粉来供应面包房的时候，就不得不开动很大的磨面机和很重的碾石了。

这种碾石用手是移不动的。

于是头脑又开始想，怎么能帮忙完成任务。

人们把已经不止一次试验过的杠杆装在碾石上。杠杆像只长长的把手，不仅两只手，就是四只手、六只手、八只手都可以抓住它了。

奴隶们把胸靠在杠杆上，绕着圈子走着，转动那沉重的碾石。

可碾石越变越大，现在连八只手都对付不了它了。人们又重新开始思索，这里能不能也不用手。

又重新想起了马。

他们把马套在横杆前，它顺从地兜着圈子走，磨起面粉来，人的手只消挥动鞭子就行了。

可碾石越变越大。

现在连三匹马都对付不了了，可是人已经有了一个比马还有力气的工人，他这时候已经把河驯服了。

他把水斗从水轮上拆下来，只留下叶片。河水在流动中推动水轮，轮子转动轴，轴迫使齿轮转动。齿轮用齿带动另外一只齿轮，这只齿轮转动另一根轴，这根轴上安装着碾石。

事情就像我们的一个民间故事里所说的那样发生：孙女儿拉住婆婆，婆婆拉住公公，公公拉住萝卜，拉着拉着……于是萝卜——沉重的圆碾石——就动起来，开始转起来了。

第一个水磨开始工作的时候，对于人们是多快乐的一个节日啊！

河水撞在轮子上，激起一片白色水花。白色面粉像云雾般笼罩在碾石上面。水跟齿轮的咯吱声相应和，发出令人愉快的哗哗声。

妇女们听着这个嘈杂的声音，感到十分高兴。她们觉得，这个令人愉快的声音比起手磨凄凉的吱吱声好听多了。

诗人们为了对水轮表示敬意，作了一些诗：

妇女们，

让你们的手休息吧！

你们安静地睡吧。

雄鸡报晓，

它想把你们唤醒，

就别去理它。

你们的工作已经托付给河泉女神。

河泉女神敏捷地在轮子上蹦跳着，

轮子在转动着沉重的碾石。

人们高兴，水磨替他们做了艰苦的工作。但是他们未必明白，他们创造出了一件多么有魔力的东西。水磨已经注定要做几百种机器的祖宗，那些机器不仅磨谷物，而且还锻铁、粉碎矿石和织布，这一点他们会预见到吗？这些机器代人干活并且为了人干活，将给人衣服穿，给人饭吃，运送人，载了人在空中飞翔。

然而，古时候有过一个人，他已经在想象中创造了未来的机器。

这个人是亚里士多德。

他这样写过："假使每一种劳动工具都能按照命令或者出于自愿各自做自己的事情——就像代达罗斯[1]创造出的东西那样能够自己运动——比如说，织机的梭子能够自己织布，那么工匠就用不着徒弟了，主人也用不着奴隶了。"

自古以来，人们就在幻想魔力这个东西。每一个民族都创造了关于那种东西的童话。

在我们这儿，人们讲着关于自摆筵席的枱布，关于自砍斧子，关于自动飞行毯。在希腊，没有一个铁匠不认为自己是神话里的匠师代达罗斯的直系后裔。

据希腊人说，代达罗斯发明了斧子、锯子、船桨和船帆。他在克里特岛上建造了一座迷宫。他用鹰的羽毛做了一副翅膀，羽毛是用蜡粘合起来的，他和儿子一同升到空中。

但是伊卡洛斯飞得太高了，太阳晒化了蜡，翅膀散开了，伊卡洛斯坠入大海里。

---

[1] 代达罗斯是古希腊神话里的建筑师和雕刻家。

代达罗斯还造了许多别的奇妙的东西，它们像活的一样，自己会动。

但是人们不光讲神话，他们还试着去创造有魔力的东西。

他们需要用木制的、石制的和铁制的顺从的工人，来灌溉田地，来提起重物，来攻打堡垒。

代达罗斯的后裔越来越多了。

已经不只是铁匠、木工和雕刻匠们认为自己是神话里的匠师的后裔。

在叙拉古，在亚历山大里亚，都有各行各业的匠师。

假使在建筑的时候需要吊起很重的石头，人们就请"复滑轮匠师"去，他会把许多滑轮并合成一具复杂的机械——滑轮组。

水磨，这种从深处汲水的装置，是由"机器匠师"来建造的。

把铁制或石制的炮弹射得很远的弩炮，是由"弩炮匠师"来建造的。

还有"奇迹匠师"，他们只干创造奇迹的事。

在亚历山大里亚的庙宇里，门会自动地开闭。祭司的青铜像会自动把祭坛上的火点起来，完成了祭神仪式。在举行典礼的日子，洪亮的铜嗓音号召大家到庙宇里去做祷告。

这全是"奇迹匠师"的事。

其实研究机械学的还不只是匠师们。

还是在柏拉图住在南部意大利的时候，他的朋友、出生于塔楞塔姆的毕达哥拉斯学派的阿尔开塔斯就曾经研究滑轮的性质。亚里士多德或者他的某一个学生写过一本关于机械学的著作，里面谈到杠杆，谈到复滑轮，谈到秤，谈到齿轮。

这本书里说，假如开始转动一只齿轮，第二只、第三只都会跟着转起来。

在叙拉古，数学家和工程师阿基米德不仅创造了建筑机器和战争机器，而且还发现了一些力学的定律。

著名的亚历山大里亚机械学家斐罗[1]曾经制造自动机，并且写了一本书，讲到"怎样用空气、火、水和土制造能在生活中帮助我们或者引起我们惊异的各种装置"。

在斐罗的著作中有一本是这样开头的："哲学家们和机械学家们一向非常重视空

---

[1] 斐罗（约前 20—约 50），古希腊发明家、数学家和机械学家。

气和水的技艺的研究：机械学家是为了水的力量和威力，哲学家是为了这些技艺的本质。"

就像这样，机械学家的劳动把科学推向前进，而科学又推动劳动。

从前，在巴比伦，在埃及，人的劳动和经验给科学奠定了基础。

后来科学在希腊繁荣了起来，德谟克利特和亚里士多德把它提升到前所未有的高度。

如今它又回到了它从前的故乡——埃及。在这里，在埃及的亚历山大里亚，建立在经验基础上的科学比在希腊的时候容易成长。

在雅典，劳动被认为是不光彩的、奴隶们干的事——自从奴隶在矿坑、在铁匠铺、在建筑工地占据了自由公民们的位置之后，就开始这样看了。

在亚历山大里亚，事情却还没有到这种地步。这里，在作坊里，还有自由的手艺匠带着他们的儿子和雇来的学徒在干活。

人们谈到亚历山大里亚的时候说，那里没有游手好闲的人。一个人制造玻璃，另外一个人制造纸莎草纸，第三个人织麻布。每一个人都对某一种手艺有经验。跛子和瞎子都给自己找到了工作，连病弱的人都不闲待着。

难怪这里的科学家们也不怕自己动手干活。

博物馆是缪斯神庙，但是它与其说像庙宇，不如说更像作坊。不过这不只是一个作坊，而是一整座的科学城。在一个地方物理学家在工作着，在另一个地方天文学家在工作着，在第三个地方机械学家在工作着。

科学成长了。现在就是像亚里士多德那样的脑袋，要容纳它也变得太挤了。亚里士多德也得把他那成长起来的

王国分给他的继承者们。而在博物馆里，这种科学的划分进行得还要远。一个脑袋装不下一切，一双手来不及干好一切，也不能样样都会干。在博物馆里，成千的学生在老师的指导下研究所有的科学——地理学、天文学、历史学、机械学、数学和哲学。在这里欧几里得[1]曾经讲过课，在这里阿基米德曾经学过数学。

连国王们也曾经到这里来读书。国王托勒密要求过欧几里得指示他一条学数学的捷径，欧几里得回答他说："通向数学是没有国王的御道的。"

哲人的道路

亚里士多德曾经把他的学生带到很远很远——走在吕克昂的林荫道上，走在哲人的道路上。

亚历山大里亚的科学家们走得还要远。

哲人的道路把他们引向山顶。这条道路围绕地球，指向月亮和太阳，通向远方，通向恒星。

从前，人们曾经以为山顶碰着天。据说，在被云雾笼罩着的奥林匹斯山的陡峭的山顶上居住着诸神。据说，普罗米修斯被锁在高加索的山崖上。这座山崖有这样高，太阳已经在它的山脚西沉以后，还要在天空继续照耀四小时。

谁能测量山的高度呢？能不能找到一个巨人，用手触到它的积雪的山顶呢？

这样的巨人找到了。

亚历山大里亚的科学家埃拉托色尼用精巧的仪器测量角度，画三角形，在纸莎草纸卷上涂满符号。

他不爬到山顶上去，他就在下面，计算出它们的高度。

他对于这条路已经熟悉了，这条路还是亚里士多德的学生狄凯阿克斯开辟的。

埃拉托色尼计算完了。

---

[1] 欧几里得（约前330—前275），古希腊数学家，著有《几何原本》十三卷，这是世界上最早的公理化的数学著作。

他于是得知，山并不太高。这是在树皮似的高低不平的地球表面上小小的凸起的地方。

唔，那么地球本身呢？

谁能绕它走一周，谁能把它合抱过来呢？

连最勇敢的水手们都不敢也不幻想做周游世界的航海。

可是埃拉托色尼知道，用不着这样的长途旅行，也可以测量地球。要做到这一点，只消从亚历山大里亚跑到希恩就够了。

当太阳位在希恩天顶的时候，在亚历山大里亚上空它离天顶还有圆的五十分之一那么远。

从希恩到亚历山大里亚，有五千斯达第[1]，合七百五十千米。这就是说，圆的五十分之一是五千斯达第，整个圆就是二十五万斯达第。

这样，连察看一下都不行的事物，人也巧妙地把它测量出来了。要知道地球的大小，他观看太阳。

二十五万斯达第！亚历山大里亚的地理学家说，只有这个圆的四分之一的地方住着人：从赫拉克利特柱子到意大利，从意大利到希腊，从希腊到恒河口。

而在"奥依库门"[2]——居住着人的地方——之外，是什么呢？

有的人以为，那面只有海——直连到印度。

另外一些人相信，在大洋当中有幸运岛，那里从来也没有坏天气，那里人们还在过着黄金时代……

道路从广漠的地球、从海和山一直通向天空，通向月亮和太阳。谁能够在这条路上走一趟，告诉大家，到月亮有多少步远，太阳有多大呢？

哲人们再一次出发去旅行，却并不离开自己的观象台。这些地球上的居民备有测量天空的用具和器械。

---

[1] 斯达第是古希腊的长度单位，约合一百五十米。

[2] "奥依库门"是音译。俄文是 ойкумены，英文是 oecumenic，意思是世界范围。

你看那观象台里一种仪器旁边，一个天文学家的身影一动不动。

他的手在慢慢转动一个青铜环，眼睛在看着分度。

这是萨摩斯岛的阿利斯塔克[1]。就科学方面说，他是亚里士多德的"曾孙"辈。他和亚里士多德之间相差一百年。

亚里士多德教泰奥弗拉斯托斯，泰奥弗拉斯托斯教斯特拉图[2]。斯特拉图教阿利斯塔克，不过科学是在斗争中产生的，学生常常反对老师。

亚里士多德曾经跟柏拉图争论。

斯特拉图放弃了亚里士多德的见解，采纳了德谟克利特的学说。

而斯特拉图的学生阿利斯塔克——更是德谟克利特的一个热心的追随者。

他和德谟克利特一样相信，地球不是唯一的世界，它和全宇宙相比只是一个点，世界是多得无数的。

阿利斯塔克一夜又一夜、一天又一天在天穹的斜坡上推进。他从恒星转移到数字，从数字又回到恒星。他测量从地球到月亮和到太阳的路程，于是得知，太阳比月亮离我们远多少倍。他在太阳那里打个转，然后又到月亮跟前去，为了把它也测量一下。

他的计算还不很精确。到月亮的路程，他的判断差不多完全对，但是太阳在他看来却比实际上近一些。根据他的计算，月亮太大了，太阳太小了。不过在测量仪器还是那么不完善的时候，要算得准确又谈何容易！

人还只是初次尝试测量天空啊。

阿利斯塔克已经不像是个偶然来的客人，而像个主人那样地在察看自己的天穹这座房子，他把它竖着横着都测量一遍。他在把这所房子的图样画出来。他越来越清楚，在世界这座建筑物的中间待着的不是地球，而是太阳。就像蛾儿在灯的周围飞一样，许多行星绕着太阳在转圈儿。而地球，只是行星中间的一个。

这样一来，整个宇宙图景就立刻变得简单了，为了解释行星的纷乱的运动而想出来的许多天体圈变得不需要了。

---

[1] 阿利斯塔克（公元前三世纪），古希腊的天文学家和数学家。

[2] 斯特拉图（公元前 270 前后），希腊科学家，据说亚里士多德的《气象学》一书出自他的手笔。

阿利斯塔克知道：要人们能接受他的学说，还得经过许多年，他们习惯地认为地球是待在宇宙中心的。他们怎么能理解，它只是太阳世界里许多行星之一呢！

这就把地球从宇宙中心打了出去，就像一只球被体育家的手抛了出去似的。

在它的位置上放上了太阳。

但是天文学家连听都不愿意听这个话。他们说，假使真是这样的话，恒星就会逐渐离开地球，跟树木和岩石逐渐离开船一样。

阿利斯塔克反驳说：恒星是那样遥远，它们究竟怎样移动，我们看不出来。假使我们只走了几步路，难道远方的山就会逐渐离开我们吗？

但是阿利斯塔克的论证仍旧毫无效果。

他来得过早了，这是古代世界的哥白尼[1]。人们控告阿利斯塔克不敬神明，就像从前控告阿那克萨哥拉、苏格拉底、德谟克利特和亚里士多德那样。

一年又一年、一世纪又一世纪地逝去了，人们还是觉得阿利斯塔克的学说过于新奇和大胆。

就在那座亚历山大里亚城里，科学家克罗狄斯·托勒密[2]在公元二世纪编著了一部由十三卷组成的论地和天的巨著。

他在这部著作里附加了一幅世界地图——从多瑙河和莱茵河到印度和中国。他编写了一份恒星表，指示出每一颗恒星的正确位置。

他重新画出宇宙图景。

---

[1] 哥白尼（1473—1543），波兰天文学家，日心说的创立人。

[2] 克罗狄斯·托勒密（约90—168），古希腊天文学家、数学家、地理学家和地图学家，著有《天文学大成》。

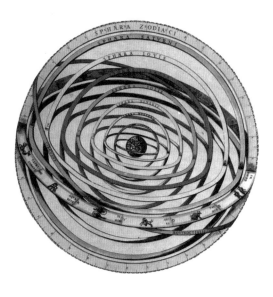

他想了很久，应该怎样处置地球，把它放在哪儿。

阿利斯塔克早已去世了，但是托勒密还在继续跟他争论。

他提出越来越新的论据来反驳阿利斯塔克的学说。

他认为：假使地球不是待在它固定的位置上而是移动的话，那么云就会落在它的后面，聚集在天的一侧了。向上抛的石头就不会掉在原来的地方而要掉在别的地方了，因为在那段时间里地球已经走了一段路了。

托勒密还不知道，地球上所有的东西都跟着地球一同移动，不能落在它的后面，也不能停住。在马突然站住的时候，骑马的人因为继续在运动，就会从马头上甩出去，也就是这样。

托勒密还引用了许多别的论据来反驳阿利斯塔克，并且得出结论：认为地球待在固定的地方，问题就简单得多。

阿利斯塔克不能反驳他：死人是不会反驳的。但是恒星自己替他说话了。

在旁边，在博物馆的观象台里，天文学家们每夜都观察行星的运行。他们看见，行星有时怎样往前走，有时往后退。如果相信阿利斯塔克，这个道理容易明白；如果相信托勒密，那就解释不清楚。

但是托勒密坚持自己的见解。

他跟天体争论了起来。为了使地球静止不动，他强迫天体在天空画出最复杂的花样。

他强迫月亮不绕着地球转，而绕着不存在的一点转。而这个点又必须绕着圈子跑，这个圈子的中心也不跟地球的中心相合。他替行星发明了一套更加复杂的机构。要使新的观察结果适应旧的见解，真是不太容易啊！

但是我们的故事不要跑得太向前了，还是回到公元前三世纪去吧。

恒星离我们远吗？——天文学家们问。

232

谁能够测量宇宙呢？

亚历山大里亚的缪斯神庙的学生 —— 阿基米德担任起了这个任务。

他住在西西里的叙拉古，他把他的论宇宙大小的论文献给了叙拉古的国王希罗[1]。

这篇论文叫作《论沙粒的数目》。

那时候，人们还以为沙粒是东西的最小尺度。阿基米德想算出宇宙间可能容纳下多少沙粒。

他说道：

啊，国王希罗，有的人以为沙粒的数目是无限的。我所说的，不是叙拉

---

[1] 指希罗二世（约前 308—前 215），叙拉古的僭主，公元前 270—前 215 年在位。

古或是整个西西里的沙子，而是所有住着人和不住着人的陆地上的沙子。

于是他证明，不仅可以计算出地面上可能容纳下多少沙粒，而且还可以计算出，在整个宇宙间可能容纳下多少沙粒。

他还认为，世界的边界就是恒星圈。

根据他的计算，从地球到恒星圈，有一百万万斯达第。而宇宙间可以容纳下的沙粒，将是在一的后面加六十三个零的一个数目。

这真是个庞大的数字。但是和无限比较起来，它算得了什么呢！

终会有一天，人们的目光能看得那样远——连跑得最快的旅客——光——都得走几百万年才能走完这段路。人们将在银河之外发现许多别的银河，而在它们的面前，依然伸展着无限。

但是阿基米德还很难想象出那无限大的宇宙，他还在用地球上的尺度测量天。

不过他毕竟已经知道，地球和恒星之间的距离是多么的大了。

科学指出它能干些什么

一面是沙粒，另外一面是高山。从前的人就住在这么狭小的世界里。如今，在

234

他头上的天已经向上升高了不止一百万万斯达第了。在沙粒的那边，也展开了整个的一个世界。

阿基米德知道德谟克利特关于渺小的、肉眼看不见的微粒的学说。他就去敲小世界的门，想要了解管理微粒的生活的规律。

这门可不大容易敲开。

怎么能钻进沙粒和石头里面去呢？那里的微粒相互维系得很结实，只有沉重的锤子才能使石头碎成小块。

进到水里去就比较容易，连手都能毫不费力地赶散那些快速活动的微粒。

阿基米德研究水的世界，于是他越来越明白，这个世界也有它自己的规律。

用不着做长途旅行，只消把手伸进一碗水，就可以进入奇妙的领域，这个领域里可能有没有重量的东西。

在这个不平常的世界里，所有的东西都变得比原来轻些。

有的东西不往下掉而升到上面去，另外一些东西悬在碗底和碗口之间，只有最重的东西才落到碗底。

假使阿基米德不知道世界上的一切东西都是由看不见的微粒构成的话，这些事情就很难理解了。

阿基米德想弄明白水为什么会随碗的形状而改变形状。他想，水是由粒子构成的，就像人群是由个人构成的一样。人群随广场的形状而改变形状，是不是正为了这个缘故，水也随碗的形状改变形状呢？

阿基米德把一块木头浸在水里，为什么木头在水里不沉呢？

阿基米德想，水是由微粒构成的，上面的微粒把自己的重量压在下面的微粒上。把木头浸在碗里的时候，这块木头压在它下面微粒上的重量也比水小。木头比水轻。

均衡被破坏了，在同一深度上，现在有被压得比较重和压得比较轻的微粒。

被压得比较重的微粒排挤被压得比较轻的微粒，微粒群向木头挤去，把它从水里推出来。

如果被物体排挤出来的水的重量跟物体的重量相等，那么均衡就恢复了。

像这样，阿基米德思索着物体的浮沉，发现了以后人们用他的名字来称呼的定律。这个定律过了几千年之后，连每一个小学生都知道。

阿基米德解决了数学上和力学上最难的难题。于是他看到，早在他之前，德谟克利特就已经解答了这中间的许多问题了。

当阿基米德住在亚历山大里亚的时候，他很少听见德谟克利特的名字。

德谟克利特是著名的无神论者，人们认为在科学的争论中引用他的话是有失体面的事情。

等到阿基米德回到叙拉古之后，他才着手阅读德谟克利特的著作，在那些著作中，他找到了解答力学和数学上最难的难题的关键。

这关键是关于原子、关于不能再分的微粒的学说。

阿基米德发现，用德谟克利特的方法很容易算出棱锥体、圆锥体、球体和圆柱体的体积。这只要把物体分成一片片最薄的薄片就行了。德谟克利特讲过，物体是由平面组成的，平面是由线组成的，线是由不可分的点组成的。

阿基米德向亚历山大里亚的缪斯神庙寄了一封信，寄给他的老朋友埃拉托色尼。

埃拉托色尼重视国王的庇护，他是无神论者德谟克利特的敌人，他不仅是天文学家和哲学家，他同时还是一个宫廷侍臣。

这一点，阿基米德知道得很清楚。但是他依然认为，把对科学有益的事情告诉埃拉托色尼是他的义务。

"我认为，"他说道，"你是一位严肃的科学家和杰出的哲学家，因此我想向你陈述和解释一个对于证明定理有益的特殊方法。最初提出它的人是德谟克利特。我决定以书面陈述这个方法，因为我确信，我这样做对数学有很大的贡献。我想，我的同时代者或是后继者中的许多人熟悉了这个方法之后，将会发现一些我还没有想到的新定理。"

阿基米德知道，博物馆里的其他科学家也会看到这封信。但是如果为了科学的利益一定得这样做，他不怕挺身出来一个人反对所有的人。

他一向是这样行事的。在他的《论沙粒的数目》里，他就引用了亚历山大里亚那些道貌岸然的哲人们所否决了的学说，作为计算的基础。

那时他曾经这样说：

> 萨摩斯岛的阿利斯塔克写了一篇包含着一系列假定的论文。从这些假定得出的结论是，世界比我们一向公认的要大许多倍。因为阿利斯塔克认

为，恒星和太阳是不动的，地球却绕着太阳运行。

就像这样，德谟克利特的道路变成了科学的主要道路，古代的最伟大的科学家阿利斯塔尼和阿基米德都顺着这条道路走去。

但是阿基米德不仅是科学家，他还是个工程师。

在他的那个时代，工程学被看作是一种手艺。

柏拉图曾经责备他的朋友阿尔开塔斯，为了他研究机械学。阿尔开塔斯用木头制成一只会飞的鸽子，柏拉图认为这是不配哲学家做的事情。

机械学是手艺，让手艺匠去干吧。

阿基米德在这方面也违反了柏拉图和他的信奉者们。

他为了要把机械学变成一门精确的科学，费过一番苦心。

机械学使人们惊奇，但是他们不懂得它。他们觉得，靠杠杆可以用很小的力气抬起很大的重东西，是一种不可思议的奇迹，是巫术。他们认为，杠杆的作用是违反了物的自然进程的。

阿基米德却发现了杠杆的定律，他指出，在这里起作用的不是超自然的力量，而是大自然的规律。

阿基米德不像阿尔开塔斯和其他许多人那样制造自动玩具，他在建造真正的机器和仪器。

他用铜制造了一个天球仪。这个天球仪是用水力发动机来开动的，这个水力发动机观众都看不见。当他把天球仪开动起来的时候，就可以看见，早晨月亮怎样把地方让给太阳，在月食的时候月亮怎样隐没在地球的影子中，游荡的天体——行星——怎样在天空移动。

在亚历山大里亚的时候，他改善了"蜗牛"——这是埃及人用来灌田的机器[1]。阿基米德的"蜗牛"后来用在矿井里。

在西班牙，矿工们常常遇到地下河流。他们跟河里的急流做斗争，把它们引向倾斜的沟道。靠阿基米德"蜗牛"的帮助，他们才有可能把所有的水汲干，把地下深处的整条河抽出去。

---

[1] 这是指阿基米德的螺旋汲水器。

为了帮助建筑家，阿基米德写了一本《论支柱》的书。使用这本书，可以计算出圆柱能够支撑多大的重量。

每个木工都能造好一艘船放到水里去的那个时代已经过去了。在阿基米德所在的叙拉古，在港口里停泊着水上城市，那里有柱廊、游廊、体育馆、酒窖和磨坊。在船上，就像在城墙上一样，耸立着高塔。要造出这样的庞然大物，光有能工巧匠是不够的，得有工程师才行。

据说有一艘船太大太重了，没有办法把它放到水里去。

叙拉古的全体居民都去拖这艘三层桨船，可是它一点也不动。

他们把阿基米德请去帮忙。

对阿基米德来说，这个问题是不会无法解决的。

就是他发现的杠杆定律。大家都传诵他的名言：

给我一个支点，我就能撬起地球。

阿基米德在这艘大船的周围建造了一个复杂的杠杆和滑轮系统。成百只手抓住绳索，于是沉重的庞然大物就服服帖帖地爬进水里去了。

据说，叙拉古的国王希罗看到这件事，大声喊道："从此刻起，我要求大家，无论阿基米德说什么，都要相信他！"

从前，人们编述关于巨人赫拉克利特、关于把天扛在肩上的阿特拉斯[1]的故事。

如今人们开始讲述不是关于泰坦巨神，而是关于科学家的，不是关于赫拉克利特，而是关于阿基米德的故事了。

有一次，在叙拉古，工匠替国王制了一顶金王冠。

发现他们有吞没一部分金子用银子来代替的嫌疑，国王把阿基米德请了去，跟他说：

这是我的王冠，现在请你察看一下，它里面含有多少银子，不过这顶王冠得始终保持完整。

---

[1] 阿特拉斯是希腊神话里的泰坦巨神之一，因反抗主神宙斯失败，受到惩罚，在世界极西端用头和手顶住天。欧洲人过去常用他的画像装饰在地图集封面，所以到现在仍把地图集叫"阿特拉斯"。

238

阿基米德日夜思索着，怎样来解决这个难题。当大家都已经熟睡的时候，这个难题还是不叫他安宁。他在吃饭的时候想到它，在散步的时候想到它，甚至于在洗澡的时候也在想它。

据说，有一次他从澡盆里跳出来，就那么一丝不挂地从澡堂跑回家里去，高兴地喊着："尤里卡！"——意思就是"找到了！"。

他找到问题的解决办法了！

当他慢腾腾地进到澡盆里去的时候，水从边上溢了出来。这使他联想到，王冠也得放进一个盛满水的容器里，这样一部分水会流出来。然后，应该拿一块跟王冠重量相等的金子，也照这样做一回。假使流出的水一样多，那王冠全部是用纯金做的。假使头一次流出的水比较多，那就是说，它里面含有银子。银子比金子轻。

他就像这样做了。

结果发现，金子里面掺有银子。称过了每次溢出的水，阿基米德就能计算出王冠里含了多少银子。

偷窃的案件被揭穿了。

大家都很吃惊，但是比所有的人更加吃惊的是窃贼本人，他们都是熟练的银匠，他们以为，地球上没有一个人能看出金子里掺有银子。

这可能是传说。讲这个故事的叙拉古居民是没有学识的人，而没有学识的人是很难懂得科学家是照什么思路思考的。他们谈到阿基米德的时候，想起了澡盆。以后讲到牛顿的时候，他们又会讲起那从树上落下来的苹果。

但是人们既然创造出这种故事来描写科学家们，这就是说，人们已经相信科学的力量，相信智慧的力量了。

当罗马人进犯叙拉古的时候，阿基米德就拿出科学的全部力量来对付敌人。关于这件事，历史学家普鲁塔克[1]是这样讲的：

马塞拉斯[2]率领全体大军向叙拉古进发。他下令把八艘大船连在一起，把攻城机器放在上面，带着它驶向城墙，想到自己准备工作做得规模宏大

---

[1] 普鲁塔克（约46—120），古希腊传记作家、哲学家。

[2] 马塞拉斯（约前268—前208），罗马将军。

而周到，加上自己的威名，他指望能够马到成功。

但是这一切对于阿基米德和阿基米德的机器来说却算不了什么……

国王希罗在位的时候，看到机械学的重要性，恳请阿基米德为他制造各式各样的机器和攻城用具，遇到被围城的时候，既可以用来防御，又可以用来进攻。现在这些机器对于叙拉古人有用了。

当罗马人两面夹攻的时候，叙拉古人都很害怕。由于恐惧，人人都不开口，因为谁都不敢指望能够抵抗得了这么可怕的兵力。

正在这时阿基米德发动了他的机器。他放出的各种各样的箭和非常大的石头带着啸声，用惊人的速度飞向敌人的步兵队。

简直没有什么东西能够经受得住它们的打击。它们落到谁身上，就把谁打倒，把他们的队伍打乱。

在海上，突然有许多弯成兽角样子的木头从城墙伸到船舰上面。这些木头，有的从上面打在几艘船上，沉重的打击把船打沉了。有的像鹤喙一样用铁爪或铁钳抓住船头，把它们提起来，让船尾直立着，然后松开挂钩，把它们沉到水里。

马塞拉斯安置在几艘船上的机器叫作桑布卡的还没来得及驶到城墙根，城墙里就飞出了一块十塔兰特重的大石头，接着又是第二块，第三块。它们落在机器上，发出可怕的巨响，用极大的力量把机器打碎，把扣栓和连接它们的东西都破坏了。

马塞拉斯不知道怎么办，决定舰队急速离岸，并且命令步兵退却。

他们已经撤退了一段很大的距离，但是箭追上他们，落在那些已经蒙受巨大损失的退却者的身上。他们的许多船被打碎了，然而他们却不能给敌人以任何损伤：阿基米德的大部分机器都立在城墙后面。

好像罗马人是在跟木桶打仗，灾难一个接着一个向他们袭来，可是他们并没有看见敌人！

马塞拉斯嘲笑自己的技术家和机械学家说："我们还是不要跟数学家——伯利阿列——打架了吧？他安安静静地坐在海边，击沉了我们的船舰，他一次向我们射来那么多的箭，胜过了神话里的百手巨人们。"……

PLVTARQVE HISTO RIEN GREC

在普鲁塔克的这篇故事中，对于科学的力量，对于胜过了百手巨人伯利阿列的数学家是多么赞美啊！

但是普鲁塔克不明白，阿基米德的力量不仅在科学方面。阿基米德不只有一百只手，他有成千只手。他和他的全城人民一同保卫着城市，正是这个使他变成了巨人。

普鲁塔克说："叙拉古人好比阿基米德这

架机器的肉体，只有他才是推动所有的人、指挥所有的人的灵魂。"

普鲁塔克作为柏拉图的真正继承者，拿国家的灵魂和肉体来做对比：灵魂——国王和将军、哲学家和科学家——管理一切，而人民只是服从灵魂的肉体。

可难道能把阿基米德跟他的人民、跟整个人类分开吗？

阿基米德是叙拉古人，是建筑那座城市的人们的后裔。那些人们的名字历史上没有保留下来。但是正是他们和他们的同胞用自己的劳动建设了阿基米德那样不屈不挠地保卫的那些房屋和街道、码头和船舶、田园和葡萄园。

成千只手制造出阿基米德的机器，成千个头脑早在阿基米德出世以前已经思索过并且创造出杠杆、滑轮和滑轮组。

普鲁塔克在结束他的故事的时候说到，罗马人怎样经过长时期的围攻之后，终于拿下了叙拉古。叛变帮助了罗马人，富人——阿基米德所属的民主派的敌人——向着罗马人。

罗马的士兵闯进了城，动手杀害所有落到他们手里的人。

他们也撞上了老人阿基米德。

古代的镶嵌画为我们保存了这一刹那的情景。阿基米德斜靠在床上，他面前放着一张三条腿的桌子，桌子上放着一块撒着沙子的木板。阿基米德正在沙子上画几何图形，在他的头上横着罗马战士手里的一把剑。据说，阿基米德看见战士，喊道：

　　不要动我的圆！

他忘记了自己，他只记得科学。

但是愚昧的罗马士兵管什么科学！

于是阿基米德伏倒在自己的图形上了。

他连地球都挪动得了，却死在剑下。

叙拉古成了受罗马统治的城。罗马人很担心，要阿基米德故城的人连阿基米德的名字都不许提。他原来是他们最凶恶的敌人。他的坟墓上长满了杂草。

罗马的作家和政治家西塞罗[1]曾叙述他怎样找到了这座坟墓：

西塞罗

> 当我在西西里的时候，我曾经怀着好奇心打听阿基米德在叙拉古的坟墓。但是看来，当地人对这件事知道得太少，甚至肯定地说，他的坟墓已经一点痕迹都没有了。
>
> 然而我继续热心地搜寻，最后，我在荆棘和杂草中间找到了他的墓碑。我之所以能够发现它，是靠了几句诗，据我所知应该是刻在这块墓碑上的，还刻了球体和圆柱体的图形，应该是放在这几句诗之上的。
>
> 走出叙拉古的城门，我出现在满布坟墓的一片荒野上。我仔细地向四面打量，突然发现一个小圆柱，柱顶露出在草丛上面：它的上面刻着我所要找的球体和圆柱体。
>
> 我立刻告诉跟我同行的叙拉古人，我们面前无疑是阿基米德的墓碑。
>
> 果然，当我们叫来了人，砍去草丛，为我们开辟好走道。我们一走近这个画柱，就看见了柱脚上的题词。
>
> 刻着的诗句有一部分还可以读出，其余的都已经被时间抹掉了。
>
> 这样看来，希腊最有名的城市之一，曾经产生过那么多的科学家，现在连它的公民中最有天才的那个人的坟墓在哪里也已经不知道了。

罗马人在叙拉古连对阿基米德的这一点点纪念都完全抹掉了。

可是许多世纪过去了，罗马征服者的胜利和凯旋都已经变成回忆了，而阿基米德为人类所获得的成就却并没有消失。

阿基米德的著作和他写给朋友们的信一直留传到现代。

阿基米德把自己的一篇数学论文寄给科学家多西菲的时候，说道："这些定理长

---

[1] 西塞罗（前106—前43），古罗马政治家、雄辩家和哲学家。

时期不让我安宁，因为我屡次研究它们，在它们里面发现许多困难。"

他这个不知疲倦的人是善于克服困难的。

在另外一封信里他说，他觉得自己有责任把他的发现告诉大家，为了对未来的研究者们有所裨益。

他知道，科学从一双手传到一双手的时候，它就成长起来了。

他对于数学家科农[1]的死感到惋惜："假若他活着的话，他无疑会扩大几何的范围。"

阿基米德认为自己义不容辞去做完科农所开始的事：证明那些还没有被证明的定理。

留传到我们手里的阿基米德的著作，他的发现，用他的名字来称呼的定律——比人们所讲有关他的一切故事都要美妙得多。

他到现在，还在帮助他当初信里提到的那些"未来的研究者们"。

每当人们造船的时候，他们都要请造船家阿基米德来帮忙。无论是建筑房子，还是制造机器，没有他都不行。每一根杠杆都叫人想起，是阿基米德发现杠杆定律的。

伟大的数学家和工程师，他帮助人们建筑、打仗、保卫自己的祖国，就像阿基米德曾经保卫的过一样……

人把死的东西变成活的

阿基米德被打死了，但是别的工程师和科学家继续他的伟大的事业，学习管理

---

[1] 科农（主要活动时期约公元前 245），萨摩斯人，亚历山大里亚的数学家和天文学家，研究画锥曲线。

大自然的盲目的力量。

在科学家的著作里出现了最早的水磨的描写。

人们还给水另外一项任务。活塞在唧筒的青铜圆筒里上下移动，它不许水的微粒向四侧散开，它把水的微粒沿着筒子赶向前去，赶去作战，去进攻火。火想造反——让水来开导开导它吧。

最早的志愿消防队员拼命压杠杆的臂。一股水柱发出哧哧的声音，闪烁着反光，弯曲地投上屋顶。它洒遍燃烧着的房子的墙壁，咝咝地响着。它变成了水蒸气，把火打退，从火的手里夺回了阵地。

水被人驯服了。那么水蒸气呢？空气呢？

空气早已在船上服务——吹满船舶的帆，只有水蒸气还在游手好闲。

人们想把它也训练得会干活。

科学家亚历山大里亚的斐罗在一只锅里煮沸水。

但是他不让水的微粒从锅里飞出去分散到空气里。他用盖子盖住锅。水蒸气可以从里面走出来，但是只能沿着替它安排好的路走。

这条路把水蒸气的微粒引向一只铜球，铜球像车轮一样安在轴上。只有在这里，水蒸气才最后从两个出口——相对着焊接在球上的两根弯的管子——冲了出来，得到了自由。

水蒸气的微粒急急忙忙地向出口挤去。在拥挤中，它们压迫弯管的管壁，于是，在它们的压迫下，球开始越转越快。

斐罗把他的球给他的学生和朋友们看。大家都惊讶地看这玩意儿，它咝咝地吐着水蒸气，像只陀螺似的在他们面前呜呜地旋转着。

在那时候，这还只是一种玩具，但是从它那里已经引出了一条路通向蒸汽发动机，两千年后这种蒸汽发动机将带着人们奔驰得比风还快。

看不见的、忙忙乱乱的水蒸气微粒将在各种艰难的工作中做人的忠实助手。它们将汲水、起重、织布、锻铁。它们将帮助人深入到地下世界，或者用一圈航路来环绕地球。

在物质的小世界里，人不仅找到了到海上去的钥匙，而且还找到了到所有的行星大世界去的钥匙。

但是在那时候，在公元前二世纪，看不见的水蒸气和空气微粒还只像新买来的玩具一样供人欣赏罢了。

斐罗叫它们去带动玩偶戏院里的人物。他造了一具开庙门用的自动机，只要点起祭坛上的火，去烤热容器里的空气。空气压迫水，水流入桶，桶拉绳子，绳子拉门。

机关是藏着不叫人看见的，所以人们觉得，门是自己打开的。

斐罗在庙门口安了另外一具自动机。只消向隙口丢进一枚钱币，祭司的圣水就会流到你的手上。

在这里，新的科学还在为旧的神明服务。

但是人已经知道了自己智慧的力量，它甚至于能够把死的东西变成和活的一样……

跟命运决斗

人是伟大的，他的智慧是有力量的。

但是他离胜利还远得很。

在讲述人的胜利和失败、痛苦和喜悦的故事里，这些话像歌曲里的叠句一样重复着。

在公元前三世纪，人们在罗德岛的港湾上立了一座太阳神的像。

罗德岛的工匠们操劳了十二年，用青铜浇铸成这座巨大的神像，它比人身高二十倍，被认为世界七大奇迹之一。但是只消大地的身体微微战栗一下，罗德岛上的巨像就化成了一堆碎块[1]。因为它是那样大，用了九百匹骆驼才把它的遗骸拉走。

人离支配自然界还远得很哩！

他跟命运决斗。他破坏古代的风俗习惯，他反抗祖先的命令。但是祖先们还在支配后裔，死人在支配活人。

---

[1] 罗德岛上罗德港的古希腊太阳神阿波罗的巨大铜像，于公元前 226 年为地震所毁。

雅典人服从祖先的命令，判决阿那克萨哥拉死刑，控告亚里士多德亵渎神明。

亚里士多德永久离开了吕克昂，但是雅典人还追上去送给他一份死刑判决书。

他们也控告阿利斯塔克不敬神，因为他"把宇宙的中心挪了地方"。

在希腊民主实行得最好的时候，每一个哲学家都能够随自己的意愿学习和思想。

但是这种时候已经过去了。

在埃及，在叙利亚，在马其顿，统治国家的不是人民，而是国王。

国王和总督们用残忍的手段保护有权势的人们——最有钱的商人们和高利贷者们。凡是能动摇这些权势的一切，都作为罪行被彻底清除掉。

这就难怪每一个自由思想的人都受到被控告不敬神的威胁。

他们在提醒着人们：无情的惩罚在等待着违反神的意志的人……

在罗德岛上，还有一座拉奥孔 [1] 的雕像。

拉奥孔是古代特洛伊的祭师。他为诸神服务，竟敢违背了他们的意志。诸神派了两条巨蟒来惩罚他。

雕刻家们表现了巨蟒盘在拉奥孔身上的那一刹那。他用力想把它们撕开，他的肌肉紧张到极点，但结果是徒然。他的血管像扯紧的绳子一样地突起，但是蟒蛇把他缠得越来越紧，它们用毒牙咬他的大腿。

他旁边是他的年幼的两个儿子。蟒蛇也将他们和他们的父亲卷在一起，卷成了由于痛苦而痉挛的一团。

孩子们的目光中充满恳求的神情，凝视着父亲。这样高大、这样有力的他，难道竟不能把他们拯救出来吗？

可是父亲在强弱悬殊的搏斗中，自己已经精疲力尽了。

罗德岛的居民们目睹这个石化了的传说，目睹这个变成了永生的、临死前的一刹那。

于是他们恐惧地想到人在神明面前、在命运面前的弱小无助。命运还没有被征服。

在人的面前是斗争和苦难的时代，向那跟蟒蛇一样地缠住他手脚的奴隶制度做斗争的时代。

---

[1] 拉奥孔是希腊神话里特洛伊的祭师，曾经警告特洛伊人不要中木马计，因此触怒天神，和两个儿子同被巨蟒缠死。

结果谁是胜利者呢?

人是不是注定要被束缚、被戴上镣铐而死去,作为奴隶而死去呢?

还是他将扯断奴隶身上的镣铐而变成自由人呢?

第六章

奴役者和被奴役者

"条条大路通罗马。"古谚说。

历史的路、人的路也经过罗马。

雅典始终是一个城邦，是远古时代的活的见证人，那时候被山限制住的江河流域构成了整个国家。

至于罗马的兴起，已经是在山和海洋不再成为人们的障碍物的时候了。

甚至于把意大利跟北边分隔开的阿

尔卑斯山脉，也没有能妨碍罗马的发展强大。

它占领了整个意大利，它把手伸向高卢[1]的茂密森林，伸向西西里的田地。

仿佛是罗马街道的延伸，由八角形的石板铺成的、用沙土填得很结实的又直又宽的道路，向四面八方伸展出去。它们从罗马市内的中央广场上的镀金的路程标柱开始，向南通到西西里，向北通到多瑙河和莱茵河，向西通到西班牙，向东通到拜占庭。

遇到江河、峡谷、山洞，道路跨过石头桥墩支架的桥梁，继续通向远方。它通到了海边，又变成了看不见的道路，向远方，向希腊、非洲和不列颠的海岸突进。

罗马人用不着重新征服海。他们在海边找到了现成的船舶，这些船舶停在希腊

---

[1] 高卢是古地名，主要包括两大部分：山南或内高卢，就是意大利北部阿尔卑斯山以南的波河流域；山北或外高卢，就是阿尔卑斯山以北的广大地区，大体包括今法国、比利时、卢森堡和荷兰、瑞士的一部分。

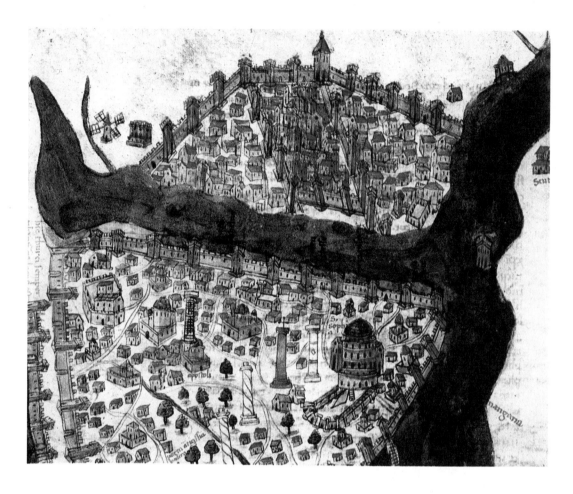

殖民地的港湾里。罗马人立刻就给自己建立了一支船队，他们不是用斧子，而是用剑……

条条大路通罗马。在条条路上，满载货物的船舶和商队走向罗马。

从埃及运去谷物、磨光的石头、抄书用的纸莎草纸和彩色玻璃制成的碗杯。

从希腊送去了帕罗斯[1]的大理石，科林斯的青铜，开俄斯[2]的葡萄酒，海美塔斯[3]的蜂蜜，萨摩斯的孔雀和米洛斯[4]的鹤。孔雀和鹤是罗马富人的筵席上的珍味。

西班牙向罗马送去粮食和酒，蜡和树脂，白银和黄金。在罗马，西班牙火腿和西班牙牡蛎价钱都很贵。

---

[1] 帕罗斯是爱琴海里的一个岛，以产大理石闻名。

[2] 开俄斯是靠近小亚细亚西海岸的一个岛。

[3] 海美塔斯是雅典附近的一条山脉，以产蜂蜜著名。

[4] 米洛斯是爱琴海里基克拉迪群岛中的一个岛。

　　高卢供给罗马粮食和酒。奴隶们穿的是高卢的衬衣。在罗马，高卢红呢的价钱不比东方紫绒便宜。

从不列颠运来锡，从厄尔巴沿岸运来琥珀。

远在世界的边缘，在塔乃斯河——就是现在的顿河——的那边，在强大的拉河——就是现在的伏尔加河——的那边，在乌拉尔山和阿尔泰山的山坡上，猎人们在用弓箭打野兽，淘金的人们在淘洗金沙。在里海沿海的草原上，西徐亚人在他们的装在车轮上的流动小房子——带篷马车里过着游牧生活。他们把毛皮和黄金运向美奥齐亚沼泽——就是现在的亚速海——沿岸。在伯利斯芬——就是现在的第聂伯河——沿岸，西徐亚的农夫们在赶着犍牛。从塔乃斯城，从潘底堪帕姆——就是现在的刻赤——希腊的水手们把西徐亚的谷物、毛皮和黄金运向拜占庭和罗马。

一队队的骆驼经过沙漠和山地走着。

他们从东方——从印度和阿拉伯，从中亚细亚和中国——载来没药和香料，丁香和胡椒，珍珠和宝石，丝织物和中国花瓶。

从东方来还有另外一条路——海路。

在锡兰附近的某处，用椰子木板做成的平底船在向风暴做斗争。它们载着中国的丝绸。在印度的马拉巴海岸——西海岸——货物被转装到埃及的船上去。熟练的领港护送船舶在危险的深海里航行。水手们在浪涛间漂泊了许多天，直到他们抵达红海。

人们已经会把海连接起来了。他们在红海和尼罗河之间开了一条运河，船舶顺着尼罗河驶向亚历山大里亚。从那里，中国货物被送到罗马去。

高贵的罗马贵妇们用她们的纤指挑选丝绸。她们根本想象不到，这个窸窣作响的丝绸是什么人的手织出来的，那精巧的杂色图样是什么人的眼睛挑出来的。

它——这个丝绸之国在哪里呢？

连地理学家都回答不出这个问题。

他们认为，有两个丝绸之国。在一个丝绸之国住着秦人——可以从海路抵达那里。在另外一个丝绸之国住着丝人——它住在陆路的极远的一端，在东方的沙漠里。

可是谁都没想到，这是同一个国家——中国，丝人和秦人都是中国人。

世界的边境还笼罩在云雾中。在罗马传说，整个印度都由象牙制成的高墙围绕着，因此才不容易进入它境内。他们把象叫作"蛇手犍牛"。那时候罗马人还把象看成是一种奇怪的动物——有像蛇一样的手的巨大公牛。

但是时间飞逝着，世界的边境一世纪一世纪地扩展得越来越远了。

在公元初年，罗马商人们变成了印度的常客。在马拉巴沿岸，在印度的神的庙

宇中间，出现了奉祀奥古斯都皇帝[1]的罗马庙宇。

在罗马，人们遵照皇帝奥古斯都的命令，建造起一座很大的房子。在这座房子里存放着帝国的巨幅地图，供人观览。罗马人说，这幅地图第一次向世人介绍了世界的壮观。在它的上面画着所有的国家——从秦人的国土到位于北方的某处、苏格兰后面叫作图勒的岛。

这个世界的心脏是罗马。

所有的江河都把货物送到罗马去：北方的顿河——那时叫作塔乃斯河，东方的乌浒河——现在的阿姆河[2]，南方的尼罗河，西方的塔梅查河——现在的泰晤士河。所有的港湾和码头——在科尔喀斯的、在印度的、在埃及的、在巴勒斯坦的——都是通往罗马去的路途上的驿站。

[1] 公元前27年，罗马执政官屋大维（公元前63—公元14）任罗马帝国元首，获得奥古斯都的尊号。"奥古斯都"有神圣庄严的意思。屋大维虽然没有称帝，但是他实际上是罗马帝国的第一个皇帝。

[2] 阿姆河，古希腊历史学家称Oxus，我国《史记》《汉书》里的妫水，《北史》里的乌许水，《隋书》《旧唐书》《新唐书》里的乌浒水，都是Oxus一词的对音。

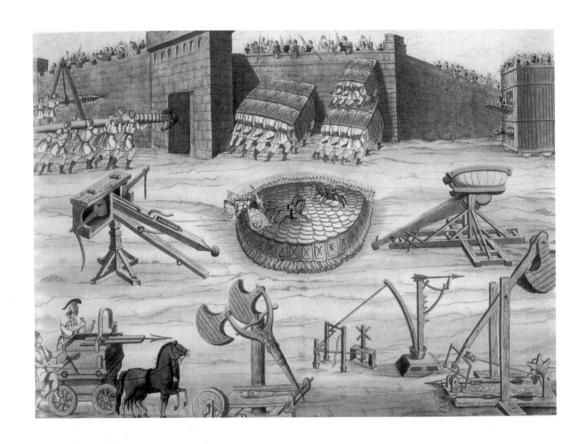

但是罗马拿什么东西来跟从四面八方汇流到它那里去的所有财富交换呢?

它可以出卖的货物很少。在罗马旁边的奥斯提亚[1]，人们把一桶桶的酒和油、一袋袋的羊毛装到船上去。罗马手艺匠的制作品运向北方、运向高卢。

但是这些要是跟世界供给罗马的东西比较起来，算得了什么啊!

罗马毫不吝惜地用金银偿付从东方——从印度和中国——运来的货物。黄金和白银流水般去迎接丝绸、红宝石、蓝宝石。

罗马的货币——迪纳厄斯和塞斯特斯[2]——两千年后还能在印度河和恒河边的地底下找到。这中间有时也能发现伪造的货币。罗马人真不害臊，他们欺骗了那些不辨货币真假的印度人。

但是罗马人哪儿来这么多的钱呢?

---

[1] 奥斯提亚是古罗马的港口，在意大利的台伯河口。

[2] 迪纳厄斯是古罗马的一种银币，塞斯特斯也是古罗马的一种货币，初用银铸，后来改用黄铜铸，一塞斯特斯等于四分之一迪纳厄斯。

两个世纪以来，他们一直掠夺被征服的各民族。

每一座被侵略的城市都要付出成千塔兰特，就因为别人把它征服了，战败者为战胜者支付开销。

满载着钱的成百艘船舶驶向罗马。有时候这些船沉没了，这样，黄金就留在海底跟形状古怪的海葵和海绵做伴了。

每一次出征回来，将军们都成了百万富翁，就是普通的士兵也能捞到一些。出身高贵家庭的青年人

也都乐意离开罗马，为了摆脱债务和不讲情面的债主，他们发了财回来，就毫不困难地拿两枚迪纳厄斯抵付一枚，来还给高利贷者了。

生意人——购买奴隶和黄金的人、高利贷者、兑换金钱的商人、给货物估价的人——都曾经跟着恺撒[1]将军的军团一同到高卢去。

战士们也曾经做出勇敢的奇迹。他们曾经冒着雨点一般的箭弩跨越汹涌的急流架起桥梁。他们曾经深入到茂密的森林里，那里

---

[1] 恺撒（前100—前44），古罗马统帅和政治家，公元前60年，和庞培（前106—前48）、克拉苏（约前115—前53）结成前三头政治同盟，不久出任高卢总督（前58—前51），征服高卢全境。公元前46年建立独裁统治，公元前44年被元老派贵族刺杀。

258

的每一棵树后面都可能隐藏着敌人。

　　他们之所以这祥做，似乎只是为了让高卢落到高利贷者们的手里。罗马人曾经笑着说，要想不在罗马兑换商人的收支账薄里留下痕迹，在高卢就连一文钱、一个塞斯特斯都不可能动用。

　　成群的贪婪的高利贷者和包税的人掠夺各个行省。而当罗马制度改变，公元前31年帝国代替了共和国，这对于被征服的民族来说也不过是：以后将按照新的方式来掠夺他们了。帝国的官吏代替了共和国的生意人。他们调查了各个行省所有的居民人口，不让一个人能逃过繁重的课税。

结果是，每一个罗马人就有十五个非罗马人。这十五个人应该养活一个人。

罗马把它的道路——把它的手伸向四面八方。

这些贪婪的手伸出去干什么呢？它们需要什么呢？

它们需要地球上所有的一切，而最需要的是奴隶。

在罗马的市场上出卖着从世界各个尽头带回来的奴隶。有的奴隶脚上涂着白垩粉，这是说，他们是从海外运来的。那些头上戴着桂冠的，是在莱茵河边某处打仗的时候俘虏来的，他们有淡蓝色的眼睛和金黄色的头发。在他们旁边的是从非洲沙漠来的卷发的黑人……

一些人再一次以奴役别人作为代价来变成自由民，奴隶制度再一次剥夺了自由民本身的自由。

在新的地方，又以空前的威势燃起了所有的人对所有的人的旧的战争：自由民对奴隶，富人对穷人，掌握大权的人的对无权的人，战胜者对战败者。

历史仿佛在重演。

但是历史是从来不会重演的。一切在流，人不可能两次进入同一条河流……

罗马人做到了雅典人没有能做到的事情：征服了地中海周围所有的国家。

在埃及或高卢的某些地方，农夫在播种、收割、打粮食。而这些粮食以后却在罗马免费分发给贫穷的公民们，这些公民除了一群饥饿的孩子之外，什么也没有。

这些公民早已不习惯于干活了。正像在雅典一样，奴隶制度在这里使许多自由民没有活干。饥饿和烦恼折磨他们，他们在城里各处游荡，嫉妒地瞧着那些在街头出现的任何躺在华丽的轿子里的富翁。

这种轿子是由穿着红色号衣的奴隶抬着走的，前面有从非洲或印度来的黑皮肤的仆从在开路，推开老百姓。一群奴隶和食客围绕着富翁。

轿子停住了，奴隶们急忙在左右两边安放好了小梯子：他们不知道他们的主人愿意从哪边走下来。绸帘子揭开了，大家看见一个穿着白色宽外袍的人。这件宽外

袍是用极薄的织物制成的，简直像是玻璃的，它的下面透出束腰紧身衣的紫颜色。踏着梯阶的那只脚穿着象牙扣子的红色短筒靴，这种短筒靴只有高级官吏、城里最显贵的人才穿。

这位高级官吏摆起一副冷漠的、烦恼的面孔。

罗马人在烦恼。有些罗马公民吃饱了，可是也有些却饿着肚子。为了使饿着的人不埋怨，只好免费把粮食分发给他们，让他们看表演来使他们快乐。

从前他们的祖先要求土地和干活，后裔们却只要求有粮食和看表演就满足了。白得的粮食代替了土地，看表演代替了劳动。

是什么样的表演呢？

今天在玛尔斯神[1]广场给大家看一只犀牛和一条长达五十肘尺的巨蟒。

明天，大家都赶到马戏场去，那里遵照皇帝的命令，将有一场新的、空前的精彩表演。

人和兽

成千的观众在焦急地等待着表演开始。

突然，十二扇大门打开了，许多野兽跑上了斗技场，这种奇怪的集会，只有在马戏场才可以看到。在豹的旁边哆哆嗦嗦地站着羚羊，在狮子的张着的大口前面兔子缩成一团，从象的背后熊偷偷地看着观众。

并没有笼子的铁栏杆隔开它们。瞧，它们马上就要互相扑打了。

可是这是怎么一回事啊？

豹让人戴上了轭具，在跟羚羊同驾着一辆马车。狮子很小心地用牙齿衔起兔子，像衔小狮子那样衔着它走，尽力不让兔子受到损害。熊坐上了轿子，四头象就像四个服役的奴隶，用背把它抬了起来。

---

[1] 玛尔斯神是罗马神话里的战神，玛尔斯神广场是罗马城里的练兵场。

或许以为，黄金时代真的来到地球上了。

但是这种和平的演出并不合观众的口味。许多人并不注视斗技场，而在注视皇帝的包厢，倒像皇帝和他的近侍是最珍奇的野兽。

人们觉得烦闷，他们在打哈欠，他们在等待一些什么新的演出。

斗技场上已经驯服的野兽由没有驯服的野兽代替了。这些野兽应该会相互争斗起来。在这里，兔子和羚羊是没事可干的，所有登场的角色都是用牙齿和角武装起来的。犀牛将跟象决斗，熊将跟水牛决斗，象将跟公牛决斗。

但是"演员们"不想打架。

烦恼的罗马人没耐性地跺着脚。在斗技场上出现了手执长鞭和燃烧着的木头的人，鞭子和火激怒了那些野兽，强迫它们彼此相扑。

角和牙齿都染上了鲜血。从水牛的裂开的肚子里流出了内脏，掉在沙地上。

观众们活跃起来了。有血腥味了。

但是还只是野兽的血。

观众们激动地注视着人和毛茸茸的阿拉伯狮子的搏斗。这个人没有甲胄，也没有盾牌，他只用一柄剑武装着自己。但是他的力气很大，动作灵活。他在保卫自己的生命。狮子贴着地面，正准备跳起来，但是人已经向它冲过去，骑在它的背上，用一只强有力的手抓住了狮鬃，另一只手举起了剑。

观众们站了起来，想看得更清楚些。莫非人能胜利吗？可是命运变化了，狮子已经挣脱了，向后掉转了身子。于是人已经躺倒了，被强大的爪子紧按着。

沙地上又有了鲜血。罗马人满意了：血——这是人的。

但是这个跟下一场相比，还只是小孩子的玩意儿。

斗技场上很快竖立了许多柱子，在柱子上绑了一些男人和女人，他们是被判死刑的。犯了什么罪呢？有的人是在打仗的时候俘虏来的，有的人是因为偷盗、因为放火、因为抗命而被判刑的。无论他们犯了什么样的过失，同样的惩罚在等待他们。

斗技场上又出现了野兽。为了使它们能够更好地执行它们的刽子手任务，它们被故意饿得半死。这里没有斗争，牺牲品是赤手空拳的，是反绑着的。

成千的人的嗓子里发出了恐怖和狂喜的喊声。这个喊声压过了濒死者的哭号和野兽的咆哮。

但是罗马人觉得这还不够意思哩。

他们在等待一幕更叫人震惊的演出。兽咬死人或者人杀死兽，都没有什么特别。假如人杀死人，假如同胞打同胞，朋友把剑刺中朋友的心窝，那就完全是另外一回事了。

斗技场上是激战。

被矛或剑刺伤的战士一个一个地倒下来。他们还有一丝生气的痉挛的身体，被搭钩竿拖进了停尸场。

这叫作"角斗士的游戏"。

罗马人真会给自己想出一些开心的游戏！

人一世纪一世纪地提高自己，难道只是为了变得不如他所征服的野兽吗？

在这马戏场里成千的观众中间，难道就没有一个人会说"够了！"？

哲学家塞涅卡[1]匆忙地站起身来，离开了他在皇帝包厢里的荣誉座位。他没有跟任何人告别，快步向出口走去。任别人怎样猜测吧：他没有力量再看下去、听下去了。

到家以后，他就唤来了文书，向他口授：

中午时分，我偶然去看了表演。我曾期待会有一些好戏或滑稽戏，期待会有一些使看过流血表演之后的眼睛能够休息一下的什么东西。可是完全不是那么一回事：原来前面的决斗还算是温和的哩。

这一次的事情非同小可。居然来了最残忍的杀人行为。人体并没有什么东西保护着，没有什么东西来抵御打击，这些打击又是没有一下不命中的。群众却正喜爱这一类的惨剧。

它是不是正当的呢？甲胄，击剑法，所有这些巧妙安排都做什么用的？是为了跟死亡讲价钱吧？早晨，把人送给狮子、狗熊们撕碎，中午，又把人送给了观众们。观众们在欣赏，那些已经杀死过敌人的人。现在，

---

[1] 塞涅卡（约公元前4—公元65），古罗马哲学家、戏剧家，曾任罗马皇帝尼禄的大臣，后来被勒令自杀。

胜利者们将要跟杀死他们的人决斗。决斗的结果是致命的。为了强迫人们交战，还出动了铁和火。

有人说："这个人是贼！"那有什么关系呢，他是应该上绞刑台的。"这个人是杀人凶手！"每一个杀人凶手都应该受到惩罚。但是你——不幸的人，你干了什么呢？为了什么要强迫你欣赏这种惨剧呢？"鞭子，火！叫他死！"观众们这样喊，"瞧，这个人刺得太轻了，跌倒得太不刚强，死得太不漂亮了！"

于是鞭子把人们驱上前去交战，人们应当心甘情愿地从两面把裸露的胸膛挺上去挨刺。也许这个表演还太温和了？好吧，为了使观众们愉快地消磨时光，让他们再多杀死几个人吧！

罗马人啊，莫非你们还没有察觉，祸害已经落到作恶者的头上了吗？

塞涅卡停止了口授。他激动地在室里来回踱步。在他的心里，有两种矛盾的感觉在斗争着。

他向谁呼吁呢？向罗马人吗？他们只有外表是人，他们的内心是野兽。他，哲学家塞涅卡却要叫罗马人连仇敌也不要加害，要宽恕凌辱，要怜悯奴隶，那不太可笑了吗？

他向他们说，他们唤作奴隶的那些人，也是跟他们一样的物质产生出来的，他们也在欣赏同一片天，在呼吸同一种空气，在享受同样的生，在等待同样的死。他们听了，只是谦逊地微笑着。

这是奴隶吗？不，这是人。这是奴隶吗？不，这是朋友。

难道罗马人能懂得这个吗？

"怎么办呢？"塞涅卡想，"想法改造

世界吗？这是白费力气。命运在引导那些情愿的人走，也在强拖那些不情愿的人走。"

无论谁的哀求都不能使命运动心。它不懂得亲切，不懂得慈悲。天上的星和地上的人都同样顺从命运，同样受大自然规律的支配。

那还有什么办法呢？塞涅卡只看见一条出路："拿出最大的勇气，值得尊敬的人们，不屈不挠地忍受命运所给予的一切。"

奴隶起来反抗奴隶主

在罗马帝国，成千的人问过自己："怎么办呢？"像哲学家塞涅卡所说的那样，耐心地忍受命运的打击吗？还是反抗命运，把它征服呢？

顺从地把前额送上去，让别人在它上面打上奴隶的烙印吗？过后再来自我安慰，觉得奴隶只有肉体是属于主人的，精神还是自由的吗？

还是为了自身的自由，手里拿着剑，斗争到最后一息呢？

成千的人回答这个问题：是的，与其做奴隶，毋宁死！

在罗马，大家都记得斯巴达克斯[1]的起义。斯巴达克斯是一个角斗士，角斗士跟奴隶的不同只在于他们不是干活的工具，而是供人娱乐的玩具。人们之所以保留这些玩具，只为了要打碎它们，而游戏的整个魅力也就在这里。

在罗马，很难找到一个比斯巴达克斯再崇高的人。

他的外表像个巨人，他有强有力的肌肉，因此他才落入了角斗士学校。

连罗马人自己都说，他的伟大不仅在于肉体的力量，也在于精神的力量，与其说他像个奴隶，不如说他像个有学识的希腊人。

斯巴达克斯在他极小的屋子里，躺在干树叶铺成的垫子上，曾经多少次回忆故乡色雷斯的山和森林啊！他和他的所有的朋友一样渴望自由，但是他不只希望自己一个人得到自由，而是希望所有的角斗士、所有的奴隶都得到自由。

做个玩具，做主人手里的工具——斯巴达克斯不能忍受这个命运。

他看见自己周围那些身强力壮的人，他们不去拿了剑反抗那些残忍的观众，却在马戏场的斗技场上自相残杀。

于是当他单独地跟他的朋友们在一起的时候，就利用每一分钟来唤起他们的愤怒，来提醒他们：你们不是奴隶，你们是人。

一天又一天，斯巴达克坚持着准备角斗士的起义。他把他们分作几个分队，他指派了有经验的领导者担任分队的头头儿。

一切都差不多准备好了，只差把藏着的武器拿到手里。

但是这个酝酿起义的消息传入了罗马人的耳朵里。角斗士学校被军队包围了，开始了对赤手空拳的人的屠杀。斯巴达克斯和少数同伴逃出了重围。

小小的队伍在维苏威[2]山顶上布置了防御工事。从四面八方到那里去投奔斯巴

---

[1] 斯巴达克斯（约前111—前69），意大利加普亚城的一个角斗士奴隶。因不堪虐待，公元前73年密谋起义。事泄，率同伴七十多人到附近的维苏威火山上举行起义，转战各地，公元前69年起义军失败后牺牲。

[2] 维苏威在意大利南部那不勒斯的东南，是一座活火山。

达克的，不仅有逃亡的角斗士和奴隶，也有自由民，他们自由得什么也没有，除了身上的破烂衣服。

如同鹰一样，他们在山顶上筑起了一个窝。

罗马的军队占领了所有通向维苏威山去的小路。他们以为角斗士们已经捉到了，周围都是悬崖峭壁，他们怎么能从陷阱里逃出来呢？

这些罗马老战士跟什么人没有打过仗啊！但是跟奴隶们打仗，他们认为与其说是真正打仗，不如说是打猎。

"野兽"已经落在陷阱里了，还急什么呢？

可是一昼夜还没有过去，罗马人就不得不为了自己的错误付出惨重的代价。

野兽不会从陷阱里找到出路，但是角斗士不是野兽而是人，而这些人能做出似乎是不可能的事情。他们有人的智慧和惯于劳动的双手。他们用柔韧的藤条编成绳梯，从山顶爬到了深谷里。

罗马人被包围了，而且在他们弄明白究竟发生了什么事情之前，就已经被击溃了。

他们曾经多少次欣赏过马戏场的斗技场上那些角斗士的威力和机巧啊！

但是在那里，罗马人是观众，而在这里，他们不得不做了斗技的参加者。

罗马人一次一次地战败，斯巴达克斯的军队成长起来。他已经不是有几十个人，而是有成千个武装齐备的战士了。奴隶们从领地逃出以后，就把自己劳动用的工具变成了武器：农夫用镰刀和叉耙武装起来，铁匠用锤子武装起来，厨师用炙肉叉武装起来，但是一到了斯巴达克斯的军营，他们就领到了从罗马人那里夺来的剑和盾牌。

一支长矛头上一顶红色便帽，做了起义者的标志。按照旧的习惯，当奴隶恢复自由的时候，就戴上这样一顶便帽。

看了自己的标志，奴隶们就已经看见了未来的自由，可以回到故乡去，回到高卢的乡村去，回到日耳曼的密林里去。

人类的自尊心、自己支配自己命运的人的自豪感回到了最受压制、最顺从的人那里了。

奴隶大军在意大利前进着，击败罗马的军团，强迫城市投降。

罗马的元老院议员们越来越明白，这不只是逃亡的奴隶的起义，而是规模很大、很严重的战争。在他们的想象中，起义者的领袖是野蛮人，但是这个野蛮人懂得战术，比罗马的将军们懂得的还要多。

罗马人没有立刻明白，他们是跟什么样的敌人打交道。但是斯巴达克斯会正视现实。他知道，强大的罗马是不太容易对付的。他想利用自己的胜利，把奴隶从意大利带走，跟他们一同翻过阿尔卑斯山，在那里，放他们各自回家。他也许已经预先看出了所有受罗马统治的民族的普遍起义。他知道，尝到了做奴隶的苦和自由的甜的人，不会忘记他们所得到的教训，不会愿意他们的子女做奴隶的。

但是奴隶们却已经不再想回到故乡去

的事情，而在想很快地击溃罗马，要报复挨鞭子、被脚镣手铐锁着的仇恨，要把用奴隶的手获得的财富，从奴隶主那里夺回来。起义的人们说，只有到了那个时候，才可以各自回家去。

十万人的大军向罗马进军。

元老院派了所有可能召集的军团去迎敌。

奴隶和奴隶主投入了一场殊死的战斗。

那时候的奴隶制度还很巩固，采用新的制度——封建制度——的时候还没有到来。

斯巴达克斯的军队没有带来新的更完善的制度代替这个旧制度。

战斗的困难在许多起义者的心里产生了疑虑，一个个的分队陆续离开了斯巴达克斯。斯巴达克斯禁止掠夺和杀人，他要求大家遵守严格的军纪。但是并不是所有的人都喜欢这样。

罗马人包围而且消灭了这些脱离斯巴达克斯大军的分队。

斯巴达克斯已经不想到胜利了。他一路抵挡着罗马人，突破包围和伏击，逃开罗马人。

现在，悲剧的最后一幕来临了。

奴隶们和罗马人相遇了，他们进行了一场决战。斯巴达克斯在前排奋战。他和他成千的战士一同被打死了。

奴隶主征服了奴隶。沿着罗马到加普亚[1]的大路上，竖立起钉着成千个受磔刑的人的密密排排的十字架。这是用可怕的树木造成的林荫道，树木上没有树枝，只有横木，树干上钉着人体。

罗马人想永远打消奴隶们起义的愿望。但是奴隶们没有忘记斯巴达克斯，老人们给青年们讲他的伟大胜利和他英勇死难的事情。于是青年们想：是的，这种死比做奴隶强。

---

[1] 加普亚是古意大利坎巴尼亚地区的首城，在今那不勒斯附近。斯巴达克斯原是加普亚的角斗士奴隶。

斯巴达克斯的起义是被镇压下去了，但是起义并没有停止。它们只能跟奴隶制度一同停止。

奴隶们举行起义，受奴役的民族也举行起义。

一次又一次的打击使罗马帝国的堡垒动摇了。

历史学家普鲁塔克惊奇地叙述吕西亚的桑塔斯城[1]居民的事，当罗马人占领了他们的城市的时候，他们宁愿自杀，也不愿做奴隶。

　　　　不仅是男人和女人想用随便什么方法来自杀，很小的孩子们也惨叫和痛哭着投入火里，从墙上跳下或者把裸露的脖子伸到自己的父亲的剑下。

胜利者们自己也都震惊了。罗马的将军不得不向战士们悬赏，每救活一个吕西亚人，就可以得到奖赏。但是让人救活的很少。

吕西亚人知道，自救的办法就只有一死。

这样想的不仅是吕西亚人，各民族都为自己的自由而斗争，直到城墙变成了废墟。即使是已经被征服的人也不肯驯服。

起义一次又一次地发生，像暴风雨中的浪涛一样。起义的是做奴隶的人和做奴隶的民族。浪涛打到罗马帝国的堡垒上就被击碎了，但是每次的打击都使那个建立在奴隶基础上的制度发生动摇。

罗马几乎来不及把军团从一处调到

---

[1] 吕西亚是古代小亚细亚西部的一个地区，桑塔斯城是古代小亚细亚的一个城市，在今土耳其的伊兹密尔（旧名士麦那）之南，后来成为废墟。

另一处，军队的大堤很难制止没有屈服的民族的攻击。

士兵不够，不得不靠野蛮人来击退野蛮人。他们强迫已经做奴隶的人跟还享有自由的人打仗。但是，从日耳曼人或高卢人那里招募来的军团往往会把自己的剑掉过头去对着罗马人。

罗马人对付东方的民族，也不比对付西方的民族容易……

弱小的犹太怎样跟强大的罗马打仗

　　当罗马军团在军号声中沿着大道前进的时候，整个大地都由于杂沓的脚步，由于攻城的武器、抛石机、弩炮和破城槌等的轰响而震动了。

　　不论是深的堑壕，还是厚的石头城墙，都不能阻止这个巨浪。

　　它越走越远，一路把城市变成废墟，把田园、葡萄园和丛林变成沙漠。

　　它们向哪里突进啊，这些军团？它们想循着亚历山大的足迹走，征服印度，绕过本都和高加索，侵入西徐亚，等到回家的时候再经过日耳曼人的土地，把罗马的版图圈起来。

　　他们想把世界的边界——大洋——变成罗马的边界，他们的统帅尤利乌斯·恺撒命令他们这样做。

　　但是在他们到印度去的途中，存在着一个小小的障碍——犹太。

　　它被征服了，但是并没有屈服。

　　它能够用什么来跟罗马对抗呢？

　　它有勇敢的战士，也有投掷武器，还有城市里筑得很好的防御工事。但是这跟罗马的巨大的威力比较起来，算得了什么呢？

　　尽管这样，弱小的犹太还是举行起义来反抗强大的罗马帝国。

　　由于长期干活而驼了背的耶路撒冷的手艺匠，多山的加利利[1]地方身材高大而晒黑了的农民，都拿起了武器。

　　只有最富有和显贵的人不想跟罗马争吵，他们跟罗马总督妥协，比跟城市郊区的贫民妥协要容易得多。犹太国王阿格里帕[2]就急忙率领了一小队忠于他的人马去帮助罗马人。

---

[1] 加利利是古代巴勒斯坦的一个罗马行省，在约旦河之西。

[2] 阿格里帕（前63—前12），古罗马政治家。

罗马人派了一个军团，他们以为有一个军团，就足够在两星期里把耶路撒冷拿下。但是这个军团可耻地退却了。犹太人追击上去，军团被歼灭了，所有著名的攻城武器都落入了犹太人的手里。罗马的金鹰——这是一种标志，士兵们像神明一样地尊敬它，并且用香来熏它——也被劈得粉碎。

过了几个月，罗马人又卷土重来，这一回来了三个军团。在他们的后面，跟着从罗马所统治的叙利亚派来的成千的射手和骑士。这支大军毫不费力地收拾了雪松和笠松、葡萄园和橄榄林，但是即使是最小的堡垒也不屈不挠地抵抗了敌人。一个月一个月过去了，耶路撒冷还没有被合围。

现在是罗马大军第三次进攻耶路撒冷了。罗马人好不容易才明白，在他们前面

的敌人是很有力量的。他们用两个军团征服了埃及，用四个军团镇压了日耳曼人，去攻耶路撒冷，他们却调动了十个军团，每一个军团有六千士兵。这些军团是由皇帝的儿子[1]亲自率领的。

罗马不惜用全部力量来跟犹太作战。假使犹太战胜了，别的民族也会趁机而起的。从日耳曼和高卢已经传来了令人不安的消息。

四道很高的障壁在迫近耶路撒冷。沿着这些障壁，爬行着几层高的攻城炮塔，还有有装甲的身体、有和船桅一样长的脖子、有用铁制的羊皮的乌龟，在慢慢地移动着。

攻城武器已经准备开始工作了，但是犹太人在掘地道。地面突然间裂开，攻城的武器一股脑儿被吞没了。

可以认为是地面自己不愿意驮着这么一大群怪物。

罗马人看见没法把城攻下，就去请饥饿来给自己帮忙。他们在城墙的周围砌起一堵很长的新墙，它应该能使耶路撒冷和外界隔绝……

耶路撒冷城里发生了饥馑。死人已经没有地方埋葬了，人们把尸体从城墙上丢入护城河。罗马人把所有想从城里逃出的人都钉在十字架上，乌鸦在十字架上飞绕，野狼从邻近的山上下来，豺豹从荒原走来。野兽吃饱了，人们在饿死。

但是耶路撒冷不肯投降。

罗马人筑了新的障壁，铁制的羊头日夜撞击那些坚固的城墙。一道墙倒塌了，后面又露出了另外一道。

但是现在罗马人已经到了庙宇的高墙下了。这座庙宇像一个难以攻取的堡垒一样，耸立在城里的山冈上。

罗马人还从来没有拿下过这种堡垒。

它的屋顶闪着金光，柱子是用大理石琢磨成的，墙壁上包镶着柏木和雪松的护墙板，地上铺着镶嵌的石板。

在许多年里人们建造并且保存了这件珍贵的文物。

现在罗马人来了。他们认为，只有他们才是真正的人，他们唤别种人都是野蛮人。

但是在这里，谁是野蛮人呢：是那些建筑的人，还是那些来破坏的人？

---

[1] 指古罗马皇帝韦帕芗（9—79）和他的儿子提图斯（39—81）。韦帕芗原是尼禄皇帝的将军，公元67年率领军队镇压犹太人起义。公元69年，尼禄死后，被军队拥立做皇帝。

铁制的羊头向庙宇的墙壁撞击了六天六夜。罗马人安放梯子，往上攀登——犹太人把他们连梯子一同扔下去。罗马人放火烧庙宇——犹太人在火中战斗。罗马人攻到了祭坛——犹太人把弩炮安放在祭坛上，用箭来迎敌。

庙宇——这是堡垒，但是它并没有放弃作为庙宇的任务。祭司们在大火的浓烟中做礼拜，古代的胜利的歌声跟濒死者的哭泣声、跟战斗的砰訇声融合在一起。

活着的人爬到屋顶上，他们把庙宇的金顶扯下来，向敌人扔去。最后一次响起了圣歌的词句，直到屋顶在烈焰中坍落，圣歌的声音才消失。

罗马的战士们被掠获物的重量压得驼起了背，他们从还在冒烟的废墟中搬出金制的蜡烛台和器皿……

过了几十年，犹太又重新起义了，领袖叫巴尔·科赫巴 [1]，意思就是星辰的儿子。他建筑堡垒，他武装战士。罗马人从不列颠把他们的最好的将军——尤利乌斯·塞维拉斯找了去。

但是犹太人不肯投降，他们用地道来连接堡垒。当罗马人打下一个堡垒的时候，那些活下来的保卫者就在地下转移到另外一个堡垒里去。

"不幸的民族！"有一个历史学家说道，"这个民族被人从他们自己的故土驱逐

---

[1] 巴尔·科赫巴（？—135），原名西缅·巴尔·科西巴。

的时候，他们好像愿意钻到地底下去，只要能不离开它。"

罗马人无论在哪儿，都没有决心跟他们的敌人战斗。他们包围了一个又一个堡垒，夺去了被包围的人的水和粮食。

这个地下战争持续了很久，但是优势是在罗马人方面。罗马人毁坏了一个又一个堡垒。到头来，最后的一个堡垒也被拿下了，巴尔·科赫巴被打死了。

犹太变成了荒原。在许多城市里，所有的男人都战死了；妇女和孩子被屠杀了，活下来的人被卖得比马还要贱。

地底下还隐藏着许许多多不愿意到上面来的人，他们宁愿饿死。

城市里空无人烟了。

无家可归的亡命者经过沙漠到异乡去了，在他们的家里，鬣狗和狼在当家……

弱小的犹太国就是这样跟奴役者罗马做斗争的。它没能把罗马的绳索从自己身上扯下来，罗马是几世纪后由别的民族摧毁的。

人进入的一所严厉的学校

人进入了一所严厉的、残酷的学校。

但是不论怎样，这总是一所学校。

只有罗马的公民维护罗马的法律，他们把所有的权利都给予奴隶主，只把义务留下给奴隶。

但是这些法律的形式编得非常巧妙，直到如今，法学家还在研究它们。

罗马的工程师比希腊的匠师高明。

在罗马的矿坑里，已经有了汲水和排水的机械，不让地下水淹没坑道和矿井。

在罗马建造很高的建筑物的时候，人们已

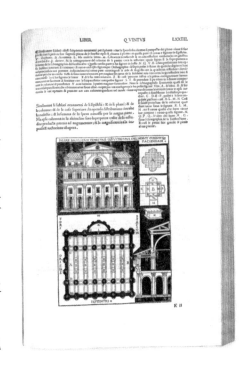

经不必用背驮着重物，而用起重机了。

在一个巨大的轮子里面，装着踏级。奴隶们踩在这些踏级上，迫使轮子旋转。轮子把绳索缠在辘轳上，绳索穿过滑轮连在起重机臂上。人们不是用手，而是用脚来提起重物。

在罗马的作坊里，有不少这种从前没听说过的精巧机械。

铁匠用手风琴似的新式风箱来给熔炉鼓风。首饰匠用脚踏式磨床琢磨宝石。在规模大的面包房里，人们不再靠手来和面团，而靠马的腿：桶里转着搅拌棒，而这些搅拌棒是由拴在横木上被赶着打圈的马来转动的。

罗马需要很多面包，正因为这样，就不得不造这种机器。

而罗马人要喝掉多少水啊！为了给他们水喝，罗马的工程师建造了很长的水

管——高架水道。

过了许多年之后，人们将惊讶地看到巨大的水道拱门。三座很高的石头桥，一座叠在一座上面。这座三层的桥梁，一端靠着遥远的、朦胧的山冈，另外一端隐没在地平线后面。通过宽阔的拱门，远远可以看得见平原。平原上面，沿着水槽，奔流着清凉的山泉。

过不了几个世纪，城郊的孩子们将在长满了青草的

石阶上玩耍。孩子们将从一个石阶跳到另一个石阶，像在一个巨大楼梯的踏脚上蹦跳一样。成人们告诉他们：这里从前是罗马的圆形剧场；这些石阶是凳子，成千成万的观众曾经坐在那上面。

那时候，孩子们将很难相信，罗马人有过这么大的剧场，能容纳得下整个城市的居民——几万甚至几十万人。

上历史课的时候，孩子们惊奇地得知，罗马人完成过空前艰巨的工作。有一次，罗马人想到要把一个大湖里的水放到海里去。这个湖的位置在意大利的中部，在它周围很远都是一片沼泽，这里的土地什么也不给人们，除了凶恶的疟疾。于是人们引了一条运河——通过山岳，通过岩石。三万人整整筑了十一年。湖水放到了台伯河，被征服的土地变成草地和田垅垄。

听历史老师讲课的时候，孩子们未必能想象得出那些受疟疾折磨的奴隶蜡黄的面容，他们凹陷的双颊，他们皮包骨的肋条。孩子们也看不见那阴森森的、发恶臭的平原，成千成万的人就在他们自己所排干的沼泽地里找到了自己的坟墓。

孩子们大概将想象另外一种情形：意大利的明朗的天空，巨大的湖，以及像儿戏似的把湖水导入河里、从河里再导入海里的成为巨人的人。

真相是什么呢？

后裔们的法庭对于罗马将做什么样的判决呢？

后裔们的法庭

回忆罗马的时候，我们不仅想起用锁链锁着的奴隶的行列，想起流血的角斗士。在我们的记忆里，跟残酷的暴君尼禄[1] 在一起的，还出现了他的同时代人和他的牺牲者——哲学家塞涅卡。当我们谈起皇帝康茂德[2]，谈起他在马戏场的斗技场上亲手结果角斗士的性命，并且，为了消遣，用棍棒毒打残废者的时候，真会不寒而栗。但是我们不能不回忆到，罗马不光有刽子手皇帝康茂德，还有一位贤明的皇帝马可·奥勒留[3]。

[1] 尼禄（37—68），古罗马皇帝，54—68 年在位。他以暴虐、挥霍、放荡出名。曾杀死母、妻，并勒令他的老师塞涅卡自杀。后来因各省人民反对，众叛亲离，穷途自杀。

[2] 康茂德（161—192），古罗马皇帝，180—192 年在位。

[3] 马可·奥勒留（121—180），古罗马皇帝，161—180 年在位。

VIRGILIUS.

罗马是别的民族的奴役者。它使希腊从属于它，只给希腊的城市留下了自由的外表，自由的影子。但是它并没有把宝贵的希腊的学问和希腊的艺术消灭，而是保存起来传给了后代。

罗马人把希腊人轻蔑地唤作"小希腊"，他们自己却在雅典的学校里向希腊人学习，也在奥林匹亚竞技会上跟希腊人竞争桂冠。

罗马的诗人走着荷马所开辟的道路。维吉尔[1]续了《伊利亚特》，他写

---

[1] 维吉尔（前70—前19），古罗马诗人，代表作《埃涅阿斯纪》，歌颂罗马历史，赞扬帝国制度，企图以此鼓舞当时的人民，巩固奥古斯都大帝的统治。

了一篇关于特洛伊人埃涅阿斯[1]冒险的史诗。奥维德[2]在迷人的诗篇里叙述了希腊古代的质朴和动人的传说。

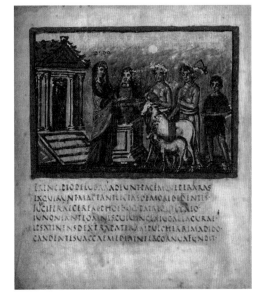

---

[1] 埃涅阿斯是维吉尔史诗《埃涅阿斯纪》里的主人公。特洛伊被希腊攻陷后，王子埃涅阿斯携家眷出走，经由西西里、迦太基到达意大利，成为朱里安族的始祖，并建立罗马城。作者借此表彰朱里安族出身的罗马奥古斯都大帝，以巩固奥古斯都的统治。

[2] 奥维德（公元前43—公元17），古罗马诗人，代表作《变形记》，叙述希腊、罗马神话故事，描写生动，内容丰富。

罗马的历史学家泰塔斯·李维[1]和塔西佗[2]继续了希罗多德和修昔底德所开始写的人类的日记。

被历史带到后裔们的法庭上的控诉是沉痛的，罪证是可怕的。

但是历史不仅仅是检察官，它同时也是辩护士，甚至于我们的语言也在替罗马辩护。这些词不是偶然的："лрокурор""адвокат"，都是跟许多别的词一同从罗马继承给我们的，再如："оратор""кодекс""юрист""юрисдикция""юрислруденция"[3]。

гимназия、академия、университет、

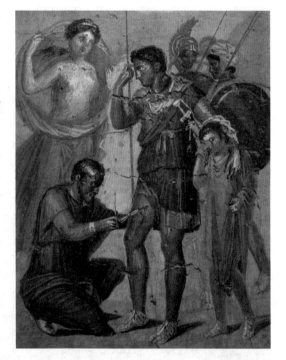

[1] 李维（公元前59—公元17），古罗马历史学家，著《罗马史》一百四十二卷。

[2] 塔西佗（约55—120），古罗马历史学家，他的主要著作有《日耳曼尼亚志》《历史》等。

[3] 俄文词"лрокурор"的意思是检察官，"адвокат"的意思是辩护士，"оратор"的意思是雄辩家，"кодекс"的意思是法典，"юрист"的意思是法律学家，"юрисдикция"的意思是裁判权，"юрислруденция"的意思是法学。

музей、институт、факупьтет、пабо-
ратория、аудитория、пекция、доктор、
профессор、студент、физика、мате-
матика、фипософия[1]——这些都是希腊和
拉丁的词儿，现在在欧洲各国语言中都保
存了下来。

假如我们忘掉了那些曾经在自己的书
里替我们积累和汇集了人类经验的古代学
者，那真是极大的忘恩负义。

就在那个懒惰的、贪婪的罗马也有一
些人，他们不仅把自己的白昼，而且也把
自己的夜晚贡献给工作和科学。

罗马的博物学家、海军将领和政治家
普林尼[2]就是这样的一个人。

他计划做一件大胆的事情：描述自然界所有的伟大现象。

"假使我的计划不能成功的话，"他说道，"单是这样的努力也是愉快的。"

他废寝忘食，他日夜阅读地理学家、天文学家、博物学家和医生们所著的有关
大自然的书籍。

他读完一本又读一本，同时摘录、思
索和比较。在他旅行和行军的时候，他自
己也亲眼看见过许多事情。

他所读过的书已经有两千本。这还只
是建筑用的材料。

建筑物开始造起来了，它叫作《自然

---

[1] 上面这些词的意思依次是中学、研究院、大学、博物馆、学院、科系、实验室、讲堂、讲演、博士、教
授、大学生、物理学、数学、哲学。

[2] 普林尼（23—79），古罗马作家，曾任骑兵指挥、海军司令等职，著有《自然史》，是一部百科全书式的
著作。

288

史》。一年一年过去，一卷一卷的书产生出来。这不是一座建筑物，这是整个的一座城。普林尼的《自然史》一共有三十七卷。

普林尼详细地同时又不慌不忙地叙述关于恒星和行星、关于野兽和树木、关于远方和古代的事情。

他懂得很多。他知道，在极地上，太阳夏天不落下去，冬天不升起来；光比声音跑得快；潮汐是月亮和太阳引起的。

但是他还很难辨别真实和虚构。普林尼是自然史方面的希罗多德。

他重复关于没有头的人、眼睛和嘴长在胸脯上的人的旧的故事。他以为，天上的月亮往满盈长的时候，海里的贝才会生长。他相信，大犬星座会引起海上的风浪，而且使葡萄酒发酵。他还认为，大自然的一切都是为了人而创造的。植物是为了供给人果实、酒和新鲜而又芳香的油而存在的。树干是为了用来建造住屋和船舶的。铁是为了战争而创造的，黄金是为了使人堕落。

"为了搜寻黄金，"普林尼说道，"我们深入到所有土地的血管里去，挖掘我们脚下的土壤，同时还奇怪，它里面为什么会有裂缝，为什么它有时候会开始震动。"

于是他把地震解释成神圣的土地妈妈的发怒，由于钻入它的血管的贪得无厌的人骚扰了她。

一切都是为了人而存在的。

普林尼把人本身看得并不高。他说，人不如野兽。无论是狮子或海怪，都不会自相残杀，人却经常地跟人为敌。无论哪一种生物，害怕的心理都不会使它不沉着到这种程度。无论哪一种生物，愤怒造成的恶果也不会比人们更厉害些。只有人知道爱权势地位和贪利爱财。

大概普林尼在皇帝的宫里、在元老院里、在马戏场里经常遇到的罗马人是不值得加以赞扬的。

但是普林尼自己证明了，也有这样的罗马人，他们有能力做出崇高的业绩。

他用他辛勤劳动的一生和他的死证明了这一点。

他的外甥小普林尼[1]在写给历史学家塔西佗的信里说：

---

[1] 小普林尼（约61—113），普林尼的外甥和养子，也是古罗马作家，今存《书信集》十卷。

我要把我的舅父、这位幸而完成了伟大事业、编成了卓越的书的学者死的情形讲给你听。不管他的运气是不是美妙，他是跟那些美好地方的消灭同时死去的。人们对于他的纪念将永远存在。

我的舅父和在他统率之下的舰队一同驻扎在密塞诺岬[1]。8月22日，有人报告他说，天空出现了一块形状很特别的云，它的样子非常像松树，它的树干高耸着，树枝伸向四面八方。

怀着博物学家的热情，切望研究一切新事物的舅父下了命令，准备即刻启碇。

但是这时候，别人转交他一封住在维苏威火山山麓的人所写的求援的信。

因此整个舰队都出航到海上。舅父在旗舰上，勇敢地面对着危险驶去。他在甲板上观察大自然的可怕现象，同时他向文书口述他所观察到的事。

越接近灾区，落在船上的那密密的、烫热的灰也越多。灰里面甚至还夹着小石头和熔岩块。

他们在斯塔比奥[2]下锚，走上了岸。天已经黑了，从维苏威火山里喷出很高的火焰，大地也同时战栗起来，普林尼和他的随从们所住的那所房子开始摇动了。

大家从房子里走出来。每个人都把枕头顶在头上，来抵挡雨点般的石头。普林尼正想跟别人一同逃出硫黄的烟和火焰的时候，由于衰弱而突然跌倒了。靠两个奴隶的搀扶，他还站起来一次。后来他就死了，倒了下去……

这就是公元79年那场用热灰埋没了赫库兰尼姆城和庞贝城的维苏威火山的爆发[3]。

许多世纪以来，人们曾经在这打瞌睡的火山山麓安安静静地居住着。在这个夏

---

[1] 密塞诺岬在意大利那不勒斯湾北端。

[2] 斯塔比奥和后面提到的庞贝、赫库兰尼姆三城市同于公元79年被维苏威火山爆发时候的火山灰所掩埋。

[3] 庞贝、赫库兰尼姆二城从十八世纪中叶起经考古学家断断续续地发掘，在遗址获得各种建筑物、工艺品和其他大量古迹。

天的清晨，他们也跟平时一样，在各做各的事情。

在理发店门口的板凳上，客人们在等待着轮到自己。酒馆里，士兵们在喝酒，在跟人碰杯。商人们坐在小铺门口。妇女们在急急忙忙赶到市场去。从乡下来的农夫在把缰绳穿过人行便道上的孔，拴上他的骡子。在面包房里，烤面包师傅弯着腿高踞在他的圆面包中间的柜台上。鞋匠在给他的女顾客试鞋。卖锅的人在用小铁棒敲着响亮的锅底，招呼人到他的铺子里去。行人停住脚步，阅读用毛笔写在墙上的竞选字句："请选布鲁提亚·巴尔巴，这个人不会吞没公款！""酒店主人们，投普里斯克和卢斯一票吧！""马尔塞尔将是一个很好的官吏，将安排豪华的娱乐！"

那时候谁能想到，只在几小时之后，这些用花朵树叶编成花圈来装饰着的、充满了人群的说话声和喷水池的潺潺声的街道，将被大量的炽热的灰所掩埋呢！

谁能想到，这些人，逍遥自在的或

者牵挂着自己账目的，将会突然被火烧死或者被硫黄的烟窒息死呢！

而在这些行人之中，有没有人能想到，几天之后，少数活下来的居民将在一堆堆还热的灰之间徘徊，挖掘那灰，想在脚下找到自己家的屋顶呢！

大自然又重新提醒了人，他是多么弱小和无助，什么时候他能跟火山比比力量呢！

但是不管怎么样，谁能否认这位率领了自己的舰队赶去救助在毁灭中的城市的罗马海军将领的伟大呢？

石头像雨点般落在甲板上，大量的热灰迷人的眼睛，烧灼人的脸。

但是普林尼还是不肯下退却的命令。他继续前进，毫不动摇。

他忠于他的海军将领的义务和研究家的使命。

第七章

人在大海上和成千年的时间中前进

人是渺小的，他的生命是短促的。

在他前面是无边无际的广阔空间和看不到头的悠久时间。

他能用自己小小的步子走许多道路，测量许多路程吗？

他能在他活在世上的有限时日里干许多事情吗？

但是他不是单独的一个人。他的力量也就在这里。

当人点起篝火或者火把，从一座山头向另一座山头传递信息的时候，它在几个钟头里所传的路程，连最快的急使都得走许多天。

像这样，关于匠师、哲人、英雄的成就和胜利的信息跟火一样经过世纪和国家，从一代传到一代，从一个民族传到一个民族。

成千的成就汇成一个伟大的成就，成千的步子并成一个巨大的步子，成千的短促的生命连成一个无穷的生命。

难道一个人能够走遍所有的道路，测量所有的路程吗？

但是早在古罗马的时候，差不多两千年以前，人们就在测量整个广大的帝国了。地理学家把城市记入地图，测地学家确定城市和城市之间的距离。

这项工作进行了三十年，后来终于产生了一份很长的纸莎草纸卷，上面记载着所有通往罗马的道路。每一座城市都用两所小房子来表示。图上的折线表示从一个驿站到一个驿站的路。

旅行家立刻就可以看出，从斯巴达到阿尔戈斯[1]，从阿尔戈斯到科林斯，有几千

---

[1] 阿尔戈斯位于伯罗奔尼撒半岛东北部，原是古希腊奴隶制城邦，公元前二世纪中叶并入罗马版图。

步远，有多少天的行程。

用步子来测量土地是很难的，测量海就更难了。

怎样在海上找到道路呢？

为了帮助旅行家航海，地理学家马林·提尔斯基第一次把经纬线标在地图上。

这些线只存在于地图上，大海上是没有的。但是它们帮助航海者找到道路。

世界越来越广大了。

就在不久以前，罗马人还以为并没有什么不列颠岛，所有关于它的故事，甚至于连它的名称，都只是无聊的虚构。

而现在恺撒两次带领大军越过大海，到了这个所谓不存在的岛上。

就在不久以前，罗马人还认为大洋是世界的边界，所以想把它变作罗马的边界。

而现在罗马的地理学家斯特拉波[1]推测到，在洋的后边还有有人居住的土地。

---

[1] 斯特拉波（约公元前 63—公元 23），古希腊地理学家和历史学家，著有《地理学》十七卷、《历史学》四十三卷。

旅行家犹巴就装备了船舶，出发去寻找这片土地。

他在大洋里发现了加那利群岛，看见岸上有椰子树。他看见了像旗帜似的挂在特内里费火山顶的乌云。[1]他在群岛上寻找人，但是只找到被舍弃的房子的遗迹。只有依旧在看守荒凉的小房子的狗用吠声来欢迎他。

这就是说，在这里，在大洋里，也有人！

再过去是什么呢？

在这块土地的后面还有没有土地呢？

哲学家塞涅卡写过："那个时候将会来临，那时候大洋将挣断自己的枷锁。一连

串的土地将全部显露出来，在海的后面将出现新的地方，图勒岛将不再是世界的边缘了。"

人就像这样，在广阔的土地上前进。

悠久的时间也引诱人走向它那里去。

太阳钟和水钟早已经发明出来了。在雅典，它们被安装在风塔上。每一个人看了塔，都能知道是几点钟，以及海上在刮着八种风中的哪一种。不过钟点不是长年一致的，人们认为从日出到日落是白昼，冬季的白昼比夏季的白昼短，因此冬季的钟点比夏季的钟点小。

人们也有日历。还是巴比伦人就把一年分成十二个月，每个月三十天。还是米利都的泰勒斯就已经知道，一个太阳年是三百六十五又四分之一天。但是人们很容易在月日和星期之间迷路。被委托来计算日子的罗马祭司完全闹糊涂了，他们的一年有时是十二个月，有时是十三个月。这一年是三百五十五天，那一年是三百七十七天。有的时候，一月一日却是真正的十月十五日；庭院里是夏天，日历上却是冬天。

祭司们大大地落在科学的后面，也落在太阳的后面。

如今恺撒命令亚历山大里亚的天文学家索西根尼[1]整顿一下日和月。索西根尼把一切都安排得恰到好处，创造了这样的一种历法，在这种历法里，一年有十二个月——三百六十五天。为了使日历不落在太阳的后面，他建议每过四年在二月里加一天。

人们并不满足于只会测定钟点和年月。他们想在时间中旅行，想知道在远古，当他们自身还没有出世的时候，曾经是什么样子。

地理学家斯特拉波问自己：大地是一向跟现在一样的吗？

他答道：不，一切在变。海岸的轮廓从前是另外一种样子的。从前曾经是城市的地方，现在是大海。火山的火从地底深处抬升起了岛屿，西西里岛就是这样被埃特纳的火从地底深处抬升起来的。

斯特拉波力图了解大陆是怎样产生的。他寻找进入行星大世界的钥匙，却在小世界深处找到了。他仔细研究建成吉萨地方的金字塔的石灰石，看出了这石头是由

---

[1] 索西根尼（约公元前一世纪），罗马天文学家，在亚历山大里亚活动，修订了儒略历。"儒略"就是尤利乌斯·恺撒的名字"尤利乌斯"的另一种音译。

极小的海里的贝壳和蜗牛构成的。几千年来，这些小动物不断地落到海底，形成了沉积岩地层。海底从水里露了出来，变成了陆地……

在世界的上空飞翔

罗马高出在世界的上面。从高处可以看得很远。

罗马的诗人奥维德写了一篇关于少年法厄同[1]的故事，他在天上逗留了一些时候，从那里，从高处观看了世界。

法厄同的母亲是凡人，他的父亲却是太阳神福玻斯。法厄同常常看见，他的父亲怎样驾着四匹马在天空奔驰。他希望自己也能坐在父亲的战车上出游一番。

他走到了太阳神的宫殿里，眼睛给耀得睁不开来，就在门口停住了脚步。福玻斯坐在金光灿烂的宝座上，时神和月神、世纪神和年神站在左右两旁。戴着花冠的春神，站在满身溅着葡萄汁的秋神身边。跟白发苍苍的冬神并排站着的，是系着成熟的谷穗制成的头巾的年轻的夏神。

"你要什么，我的孩子法厄同？"福玻斯问他。

"啊，伟大的世界的光，"少年说，"假使母亲告诉我的话是真的，你是我的父亲，那么给我一个表证，好叫大家相信这一点。"

父亲收敛了他头上周围闪烁着的光芒，叫少年走近一些，搂住他说：

---

[1] 法厄同是希腊神话里太阳神福玻斯的儿子，曾经驾太阳神的四马金车出游，因为不善驾驭，几乎把地球烧毁，被主神宙斯用雷击死。

　　母亲告诉你的是实话。为了使你对这件事不再怀疑，你随便要求什么礼物吧，我什么都可以给你。

他刚刚说完，少年就用两手搂住他的脖子，请求道：

　　请你允许我驾一天你的马吧。

父亲后悔他轻率地应许了一件事。他于是开始说服儿子，叫他放弃这个危险的企图：

　　你的命运是凡人的命运。你的愿望不是凡人所应该有的。

但是少年坚持着自己的要求。

他们争执了很久，最后，父亲唉声叹气地让步了。而且再要争执也晚了，金色的黎明女神奥罗拉已经在东方打开了赤色的大门。

于是敏捷的奥罗拉——时和分的女神——就从高大的天上马厩里牵出了口吐火焰的骏马。法厄同惊奇地看见了那闪着黄金、白银和宝石的光的战车。父亲用圣膏涂在他的脸上，使他不至于被火烧伤，并且把自己用闪烁的光芒制就的花冠戴在他的头上。他由于预感到不幸而深深地叹着气，他要求儿子听父亲的忠告：不要拉紧缰绳，不要升得过高，免得烧毁天堂；也不要降得过低，免得烧着地面。

　　循着中间的路走，注意那车轮滚过的车辙。

这时夜已经逃到了西方的岸边，在东方，早霞已经燃起了。
父亲要求儿子做最后一次考虑，但是少年已经狂喜地抓起了缰绳。
骏马焦急地用脚踢着门闩，它们的嘶声响彻长空。大洋女神开启了大门。
于是突然显露出无边无际的广阔世界。
马用脚刨着空气，驱着东风，飞奔起来。
斜坡很险峻，但是休息了一夜的马飞快地把战车向上拉去。它比往常轻：少年能有多重呢？战车像只没有载货的船似的在空中蹦跳着。马感觉到了这一点，就向路侧驰去。
少年吓得不知道怎样扯缰绳，要循着哪条路走。在太阳的光芒下，大熊首先开始融化。在严寒的极地，那由于寒冷而经常睡觉的天龙发怒了。行动缓慢的牧夫吓得拖着自己的车子逃走了。

法厄同向下望，看见伸展在自己下面的大地很深很深。

他面色苍白，两膝战栗，眼睛发黑。他已经在后悔没有听父亲的话，他已经在想当初最好不碰父亲的马。他回过头去看——落在背后的天空不少，但是前面的天空更多。

怎么样好呢？怎么办呢？

少年不能够制住马，他不知道它们的名字，不会驾驭它们。

他惊骇地观看四方：到处都是妖怪。巨大的天蝎隔着星座向他伸出长长的手和弯弯的钳子。

少年由于恐惧，浑身发抖，失手掉下了缰绳。马觉得自由了，就尽情向前狂奔。它们一路冲撞着星星。它们有的时候向上跑，有的时候又差不多一直降到地面。月亮惊讶地瞧着，她哥哥的马为什么不循着路跑呢？

下面已经着了火，云冒着烟。火焰包围了山峰，树木和田地在燃烧。刹那间，绿油油的草地变得白茫茫了。城市和堡垒毁灭了，整个国家化成了灰烬。

高加索已经快要烧完了，埃特纳在冒着火焰，连严寒的西徐亚都热了起来。阿尔卑斯山耸入云霄的山脊也起火了，亚平宁山携带的乌云也燃烧起来。

整个世界成了片火海，空气变得跟炉子里的一样热。法厄同脚下的战车烧红了，他已经忍受不了向上冲来的烟和火星了。

他已经不知道，他的马在黑暗中向着哪里跑。

据说从那个时候起，埃塞俄比亚人就变黑了：由于炎热，所有的血都涌到他们被炙过的身体上了。从那个时候起，利比亚也变成不毛的沙漠了。

顿河——塔乃斯河——冒起了烟，巴比伦的幼发拉底河着火了，恒河、多瑙河和辽远的科尔喀斯的里奥尼河都沸腾了，在西班牙，塔霍河里的黄金给火烧得熔化了，尼罗河逃到世界的边缘，吓得把头藏了起来：因此直到如今还找不到它的水源。

整个土壤都龟裂了。在地府，光从缝里透进去，地下王国的冥王和冥后看见了光，吓得不得了。

在昨天还是大海的地方，裸露出沙砾的平原。鱼逃到深处去，水面上漂着海豹

的尸体。海神忍受不住炎热，愁眉苦脸地从水里出来了三次，又三次沉入海底。

被海洋围绕着的大地本身，进入了齐脖子深的水里。它浑身打着哆嗦，用干渴的嗓子大声说起话来，向着诸神之父祈祷道：

> 为了我整年工作，为了我忍受被锐利的犁划破的伤口，为了我供给人们粮食和果实，你竟这样奖励我！

> 即使你不怜悯我，也不怜悯我的兄弟——海里的王，那就对你自己的天空宽宏大量一些吧。你看一看两极，它们都被烟笼罩着，假使火把它们烧坏，诸神的房子就要倒塌了。雄伟的阿特拉斯神——也几乎捎不住倾倒的天空了。假使海洋、陆地和天空都毁坏了，我们又将重新混作一团，恢复到上古时代的混沌。

> 从火里抢救出烧剩下来的东西吧。请关心一下宇宙的幸福吧！

诸神之父听见了大地的祷告。他登上奥林匹斯山的山顶，把它的闪电向不幸的马车劈去。

马扔下了轭具，战车碎成了一块块。

没有了气息的、被火焰包围的法厄同像颗流星似的坠到无底的深渊去。

巨大的厄里达诺斯河把他接在自己的怀里。江河女神们给他洗净了脸，把他的

骨灰放入坟墓里。他们在墓碑上写道：

> 法厄同，父亲战车的驭者，安葬在这里。
>
> 他虽然没制住它，但他是冒伟大危险而死的。

奥维德就是这样，在神话里把亲切的古老传说和世界的新知识结合在一起。

但是他已经知道，这只是神话。在罗马，诗人们已经在编写别种诗歌——不是描述神和英雄，而是描述洞察大自然秘密的哲人们。

诗人卢克莱修·卡鲁斯[1]就在歌颂希腊哲人伊壁鸠鲁[2]，他敢于挺身出来反对压制人的古代信仰：

> 无论是神的传说，还是天上的闪电和雷声
>
> 都吓不倒他，而相反地，他的勇敢的精神
>
> 更加鼓舞他去开启大自然
>
> 那伟大王国的坚固门闩。
>
> 他用精神活力获得胜利。他远远地

---

[1] 卢克莱修（约前99—前55），古罗马哲学家、诗人，著有《物性论》，把古希腊伊壁鸠鲁的原子说系统化，用诗歌形式解释原子说，总结和反映了当时自然科学的成就。

[2] 伊壁鸠鲁（前341—前270），古希腊哲学家，进一步论证和发展了德谟克利特的原子说。

302

迈出了火似的世界围墙的限界……[1]

卢克莱修跟着自己的老师伊壁鸠鲁走。他是那种敢于冒险、不怕古代禁令的人：

心灵中的恐惧消散，世界的围墙让开，
于是他看见万物在无限空间中运动。[2]

老师引导他沿着世界的无尽的道路走。

路上不只有一堵墙，不只有一个障碍物，而是有许许多多。这条路的开头是在时间的黑暗深处，那里还没有海，没有地，没有天，那里没有一件像我们世界的东西。

原子在狂烈的风暴中奔驰，分散，相遇，撞击，开始战斗。

卢克莱修大胆地越过了第一道伟大的界线：他看见地跟天怎样分开，原子各自奔散。大而沉重的原子聚集到一起，在世界的中央形成硬而坚固的地球。轻而敏捷的原子冲向外面，聚集成太阳、月亮和恒星的明亮的火。

地球还在冒烟，散发着天空的以太，升向上空：

就这样在挂着钻石般露珠的草地上，
上升的太阳闪烁着鲜红火焰般的光芒，

---

[1] 据商务印书馆 1959 年版方书春译《物性论》（第 4 页），这几句诗的译文是这样的：
没有什么神灵的威名或雷电的轰击
或天空的吓人的雷霆能使他畏惧；
相反地更激起他勇敢的心，
以愤怒的心第一个去劈开
那古老的自然之门的横木，
就这样他的意志和坚实的智慧战胜了；
就这样他旅行到远方，
远离这个世界的烈焰熊熊的墙垒，
直至他游遍了无穷无尽的大宇。

[2] 据同上书（第 131 页），这几句诗的译文是这样的：
我们心中的恐怖就飞散，
世界的墙垒就分开，
我就看见宇宙在整个虚空中的运动。

湖沼和长流的江河在吐着雾，

这时候就是地有时也冒着烟。[1]

　　道路已经把卢克莱修引向第二道伟大的界线，那里陆地跟海洋分开。水从沉重、坚实的土地退却，那时候还湿润、松软的土地陷落下去，咸水于是注入那里，形成了深海。在峭壁和岩石的周围，田地下沉了。就在平原下沉的地方耸立起山岳。

　　卢克莱修沿着时间的道路继续前进。在他前面出现第三道伟大的界线：生物跟无生物分开。诗人的想象力把他带过了这一道他的智慧还没法逾越的深渊。他看见，年轻的土地怎样覆盖上了草和丛林，正像野兽身上长出绒毛、柔毛和硬毛一样。

　　他看见，怎样出现了由雨水的潮湿和太阳的热产生出来的各种动物。人们不是无缘无故地唤土地作妈妈的。在一定的时候它成熟了，从它身上就生出飞禽、走兽和人。土地妈妈用奶一样的汁液喂养孩子们。青草做他们的床，温暖代替了衣服。

---

[1] 据商务印书馆 1959 年版方书春译《物性论》（第 289 页），这几句诗的译文是这样的：

　　当灿烂的太阳的黎明的光辉，

　　初次在缀满露珠的草丛上，

　　开始金红色地闪亮着的时候，

　　宁静的湖和终年不竭的河流就吐出

　　一阵烟雾，大地自己有时也冒起烟。

从土地也生出了妖怪：没有脚、没有手、没有嘴、没有眼睛的怪物。它们没有能力为自己获取食物，于是就在生存斗争中死去。那些保护自己的种族，用大胆、机智和敏捷延续下来。勇敢拯救了凶残的狮子，狡猾拯救了狐狸，机灵拯救了鹿。

人还跟野兽一样地生活。他们在森林里徘徊，采集水果和橡实。当暴风雨突袭他们的时候，他们躲到灌木丛或者洞穴里去。

诗人走近了新的伟大的界线，人变成了人。他们在森林里追赶野兽，用坚实而沉重的木棒打它们，向它们投石头。闪电和森林的火灾把火送给了人们。在第一个火塘周围，产生了第一所房子的墙壁。

人们已经不再单独地居住了。他们互相友好，他们用手指指着东西，用喊声和身体的动作来表明意思。他们尝试着说话，产生出词儿，产生出东西的名称。

时间的道路越走越远——经过第一个城市，通过第一个战场。人们采铜，用它制造打仗用的武器和干活用的工具。铜的价值比黄金还高——它比较坚固，虽经打击不会变钝，可以用它钻、凿和打孔。

但是时间改变一切，现在铜已经被人摒弃了，铜镰刀引起人们嘲笑。田地用铁来耕种，打仗的时候，锋利的铁剑战胜了铜制的剑。

人们躲到坚固的碉堡的围墙后面去避开敌人。

宝库里保藏的财富越来越多了，一种新的金属占了第一位：黄金。已经不是最强大的金属而是最华丽的金

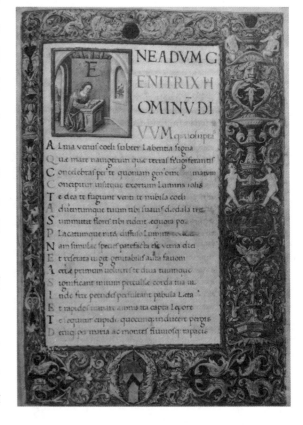

属受人尊重了。

城市的城墙在倒塌，威风凛凛的代表王权的节杖化作灰尘。每个人都渴望有钱、有势、有权，人们由于纷争累得精疲力尽，结果，他们只好给自己套上法律的严酷的枷锁。

时间的道路引着诗人越走越远——在陆上也在海上。海上满是帆船。森林向高处移去，把盆地让给了葡萄、田垄和橄榄林。雕刻家的雕刻刀把石头雕得活生生的。歌手替后代保存了许多世纪的事情。求知的智慧引人前进：走向艺术和知识的高峰。

但是人小看了自己。他把全部奇妙的力量、全部支配宇宙的权力都留给了神。

当被闪电激怒的大地在战栗、天空响着隆隆雷声的时候，他俯伏在祭坛面前。当狂风在大海上拨弄船舶的时候，他向神明许愿。当飓风把船舶送向死亡的静寂水湾的时候，他又徒劳无益地祈求神明使之风平浪静。

正像小孩子在黑暗里哆嗦一样，成人们在大白天为了他们所不知道的一切而害怕。

但是也有哲人，他们用知识的光照亮了黑暗。像太阳赶走黑夜一样，大自然自己在用它整个的外观和内部的构造从人的心里把恐惧赶走。

道路又把诗人引到他的时代，引到他的城市，引到他生长在里面的那座房子。

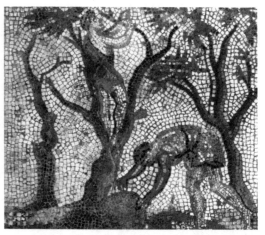

罗马已经在为统治世界而斗争，恺撒已经在率领自己的军团进攻高卢。但是卢克莱修只偶尔放慢脚步，他还是继续向前——向未来前进。他看见，世界在怎样逐渐趋于衰老，精疲力竭的土壤在怎样逐渐变得贫乏。时间破坏了一切——连坚固的城墙和碉堡也不能幸免。世界的伟大围墙也逐渐倒塌，化成一堆废墟。

但是原子是永存的，宇宙是无限的。

大自然将收集那些分散了的原子。从我们这个世界的碎片将产生出别的世界来，别的人们将在那别的地面上居住和思想。

像这样，走完了那条从世界开始到世界灭亡的路程之后，诗人看见前面有别的世界在开始。

人生是短促的，但是思想是没有界限的，在一瞬间它就可以跑过几千年。

这不是伟大的胜利吗？

但是人庆祝胜利毕竟还太早了吧？

卢克莱修急促地通过了无限的时间，但是他看见一切，知道一切吗？

不，认识大自然是不太容易的。卢克莱修有一些有学问的向导：恩培多克勒、留基伯、德谟克利特、伊壁鸠鲁。

但是他依然有多少次不得不推测，不得不用想象力来帮助智慧啊！

有多少次，他像法厄同那样，不知道向哪个方向走！

岁月逝去了，十九世纪、二十世纪来临了。在这条通向无限空间和时间的道路上，成千的研究者在继续前进，为了要知道地球是怎样产生的，无生物怎样变成了生物，生物中又怎样产生意识。

在每一道界线上，都将发生争论。

这些界线把一个世界跟另外一个世界分开来：把恒星世界跟地球世界分开来，把陆地跟海洋分开来，把生物跟无生物分开来。从前在这里进行过自然力之间的大战，四种元素之间的大战。在战斗中产生了地球，产生了陆地。不断有新的力量参加战争，改变地球的面貌，给它穿上生机盎然的衣服。

研究者走过这些古战场。在渡口，在边界，在城墙跟前又爆发了战斗——这一次不是自然力之间的战斗，而是人的思想之间的战斗。

每一个思想家都建议用自己搭的桥走过深渊，用自己的钥匙去开关闭着的门。也会有这样的人，他们说："没有钥匙，没有办法找到钥匙。"但是不会有人愿意听他们的话。新的科学家的队伍被永恒的希望鼓舞着，怀着洞察这个不可理解的世界的无法扑灭的愿望，继续出发去旅行。

是什么东西在两千年前减慢了巨人的步伐

当你阅读古代科学家著作的时候，你会感到惊愕，他们竟知道得那么多。

早在哥白尼之前很久，萨摩斯岛的阿利斯塔克就已经明白，不是太阳绕着地球转，而是地球绕着太阳转。早在波尔祖诺夫[1]和瓦特[2]之前很久，机械学家亚历山大

---

[1] 波尔祖诺夫（1728—1766），俄国发明家。据俄国科学史家考证，他在1763年做出通用蒸汽机的设计，1766年制成一部工厂用的蒸汽机，但是没有得到推广应用。

[2] 瓦特（1736—1819），英国发明家，对当时已经出现的原始蒸汽机做了一系列重大改进和发明，使蒸汽机成为工业上可用的发动机，从此得到广泛的应用。

里亚的斐罗就叫蒸汽的力量转动轮子。天文学家埃拉托色尼预见到周游世界的航行，地理学家斯特拉波预言了大洋之外还会发现大陆。还有一位旅行家犹巴，他曾去过大洋，去过加那利群岛，看见了特内里费岛的火山上面一片旗帜似的乌云。

似乎只要再过几百年——人们就将横渡大西洋，就将乘船周游世界，就将发明蒸汽机，就将敷设第一条铁路，就将有第一艘轮船下水了。

但是人类在途中耽搁了——而且耽搁了很久。

从犹巴到克里斯托弗·哥伦布不是一百年，也不是二百年，而是差不多十五个世纪。至于把斐罗跟波尔祖诺夫和瓦特隔开的时间就更长。

究竟是什么东西在人前进的路上这样严重地阻滞了他呢？

为什么能够这样勇敢地跨过大海的巨人竟会长期停留在大洋前面呢？

为什么他猜测到了原子之后，不能就在那时立刻证明原子的存在呢？

因为巨人的路完全不是那样笔直和平坦的。道路不是像箭一样在他的前面直飞，而是像蛇一样地蜿蜒的。巨人为了走那条长远的、兜圈子的路，常常不得不向后转，来绕过难以逾越的墙壁。

当这条路好像离开了目标而向后倒退的时候，那是很黑暗的时代。

究竟是什么东西在两千年前减慢了巨人的步伐呢？

假如我们以为人是自由地向前走的，那就错了。

不，那时候他的手脚是被束缚着的。

他建造了高架水道，敷设了涵洞，排干了湖沼。

但是这是用什么人的手来干的呢？

用奴隶们的手。

这是奴隶从早到晚一脚一脚地踏着，转动起重机的踏轮。这是奴隶没完没了地拿起和放下单层大帆船的桨，在地底深处采矿。

没有奴隶，就不会有宫殿、庙宇、马戏场，不会有罗马显贵们过悠闲生活的豪华别墅……

瞧，这里就是这样一所别墅。它后面是山，左右两旁在山坡上展开着田垄和葡萄园。别墅的窗户朝着海，水波在下面墙脚停了下来。到处有喷水池在潺潺地响着。在修剪得很奇妙的树木下，大理石的长凳在发着白光。

别墅的主人在看书，散步，跟朋友谈话，用音乐、哲学、体育和打猎来自娱，来消磨时光。

宴会上，在黄金雕成的仆从手里擎着的灯台上，灯通夜点亮着。有一位客人在展开纸莎草纸卷，朗读它上面描写萨杜恩[1]王国、描写最早的人们幸福生活的诗篇。晨曦照亮着打翻了的酒杯和花冠上凋谢的玫瑰花。

但是主人听不见那琅琅的诗声，他的思想不由自主地回到那跟早晨一同醒转来的白昼的挂虑上了。

看到了满篮子琥珀色的葡萄，他想到收拾葡萄园要费多少劳力。要像伺候婴儿一样伺弄葡萄藤，要向土地施肥、浇水，要芟除杂草，要接枝和修剪藤蔓。这个照管土地的工作不得不交给狡猾而懒惰的奴隶们去干。

土地变得越来越贫瘠了，它仿佛不愿意再给人送粮食和水果了。这全是因为领主们让奴隶们耕种土地的缘故。

---

[1] 萨杜恩是古罗马神话里的农神。

310

　　所有这些思想使别墅主人心里很不平静，他愁眉不展地低下了头。这位不速之客——挂虑——的到来，使宴会变得悒郁寡欢了。

这时候，在别墅四周柏树外面的远处，手里拿着十字镐的奴隶正排成长列，在田野里走着。

在这里，山脚下的土里布满了石头，不得不用十字镐掘起它来。

奴隶们排成长长的一队走着，像是打仗去的士兵那样。监督的人骑着马在队伍旁边走着。

奴隶主从世界各地把这些垂头丧气的俘虏聚集拢来，他们按照命令挥动着十字镐。

这里有蓝眼睛的日耳曼人，有黑皮肤的努比亚人，有身材高大的有胡子的西徐亚人。

他们彼此都不是同一国的人，他们是在不同的地方长大的，但是残酷的命运使他们在异邦结成了兄弟。

他们的前额都是剃光了的，为了不叫头发遮住烙印。

监督的人嘲笑他们："瞧瞧这些脊梁吧，一条一条的条纹跟豹一样。你马上可以看出，这里谁是骗子，鞭子就会在谁的肩胛骨上落得多些。瞧，这个人挨打了，因为他吃了一把谷。他旁边的那人看管犍牛看管得不好。那些人的脚用锁链锁着，他们是因为偷跑受罚的。假如他们想再来一次逃跑，他们免不了要遭殃：把他们投在火炉里，送给狮子吃，钉在十字架上，或者给穿上蘸过树脂的衣服烧死。"

监督的人说的是实话。

主人对奴隶爱怎么干就怎么干。奴隶是他的东西、他的工具……

但是奴隶们还是常常逃走。他们憎恨自己的劳动，自己的犁，自己的犍牛，自己的监督人，自己的主人。他们憎恨奴隶的生活，他们宁愿受任何的

罪，只要能够过自由的生活：哪怕过一天，也是自己的一天！

奴隶是人，但是人们把他们跟犍牛、跟犁等同看待。

于是他好像把自己身份的低微迁怒到交给他的工具和牲口身上去。他不像个主人那样对待它们，而是像个仇敌。

在工具还是粗糙、笨拙的时候，这种对待方法还不是什么大毛病。当奴隶用连枷打谷、用脚榨葡萄、用背扛砖头的时候，是不需要奴隶有特别熟练的技术的。

但是如今铧犁代替了从前的木犁，打谷机、收割机、压榨机、起重机和复杂的纺织机也都出现了。

这里就需要技术了，这里也需要更加爱护工具和爱惜材料。但是奴隶怎么能爱上劳动呢？他是在棍棒下面干活的。

奴隶主说，奴隶——这是他们土地的刽子手。

但是在这里，究竟谁是刽子手，谁是牺牲者呢？

奴隶的一生就是累年受到刑罚，受到连续的磨难。

地主们也怕看自己的奴隶，怕看他们被烧红的铁烙了印的前额，怕看他们剃光了一半的头。这些灰色的脸越来越表现出怨恨，而不是服服帖帖了。

奴隶们起来暴动，放火烧掉粮仓，毁坏自己主人的别墅。

大家都记起斯巴达克斯起义，那次起义，连最出色的罗马军也好久对付不了。

在道路两旁又竖起密密排排的一眼望不到头的十字架，上面钉着暴动的奴隶。

路引进了死胡同。哪儿去找出路呢？

如今已经不仅是奴隶，而且奴隶主自身也想摆脱奴隶制度了。

领主们把自己的土地分成许多块，把它们租给自由的农夫——佃户们，因为自由的人伺弄土地比较好。贫乏的土地一旦由勤快的手来耕作，又重新变得慷慨了。

但是到哪儿去找强壮的、可靠的佃户呢？自由的农夫早已从乡村里各自分散到不知哪里去了，连农夫中最富裕的都四散了。有的人改行做生意或者做手艺，现在怎样把他们从他们的铺子和作坊里找回来呢？有的人在讨饭，粗暴的游手好闲的人群就充斥在马戏场里和市场上。还有的人把犁换作了剑，在多瑙河对岸的某些地方跟野蛮人打仗。

这些农民为罗马争得了全部土地，却连自己的一小块土地都失去了。

地主们为解决难题而绞尽脑汁：把地租给谁好呢？叫穷人住到那块地上来吗？

但是穷人会把那个跟他们寸步不离的旅伴——穷困——带来的。他们总是负着债，从他们那里是等不到还钱的一天的。他们连耕田用的犁都没有，没有一样可以拿出来做抵押的东西。

地主们的忧虑越来越多了。佃户们的忧虑更重，他们绝望地问自己：怎样把脖子上的债务锁链挣脱呢？从哪儿能得到救助呢？

在乡村里，生活越来越不好过了。但是城市里也并不比乡村里好，罗马的商人们抱怨买卖不好，织工们、陶工们、玻璃匠和铜匠们也不止一次在抱怨。价钱便宜的货物从四面八方涌向罗马，这里有高卢的毛呢，有亚历山大里亚的玻璃，有用西班牙白银制成的酒杯。

在各行省的城市里，在里昂，在波尔多，在特里尔，每一个罗马的工匠就有多少个竞争者啊！这些不久以前还是野蛮的人们竟会制出这么美妙的碗杯，这么好看的花瓶啊！

罗马征服了几十个民族，它迫使它们全部为罗马干活。但是劳动是伟大的老师，

314

它教会了住在辽远的江河——隆河、莱茵河和泰晤士河沿岸的人许多事情。

野蛮人不停地学习、劳动和前进。开明的罗马却只会要求：拿来！它的手对于干活已经生疏了。一切东西都太容易到手了。

连怎样做生意罗马也忘记了。罗马人何必吃苦和冒险呢？何必在多风暴的海上和没有水的沙漠里旅行呢？让叙利亚人、帕提亚人[1]、阿拉伯人、埃及人去干这种事吧。罗马人只消命令一声——印度的所有的宝物就会出现在他们的脚下。

命令——这就是罗马人留给自己的工作。但是为了支配被奴役的人，需要有兵力。罗马人曾经是熟练的、刚勇的士兵，但是现在连这个负担都已经由别人来担当了。长期的战争、公民之间的纠纷、奴隶的暴动、军人的叛乱、宫廷的政变都已经起到了它们应起的作用。它们把罗马弄到这样一种地步，在大街上已经不太容易遇见一个真正的罗马人了。许多古代的氏族都不再存在了，罗马人已经不够用来保卫罗马了。在金鹰的旗帜下，日耳曼的士兵们排着六行纵队在行进，他们由日耳曼将军率领着。在罗马的元老院里决定事情的是从高卢、日耳曼和叙利亚来的移民。

罗马像巨大的寄生虫，在世界的心脏里筑起了窝。但是不可避免的报复在期待着每一只寄生虫：它对于活动逐渐生疏了，它不能再独立生活了。

罗马一世纪比一世纪衰弱了，被它奴役的民族却一世纪比一世纪强大了。罗马越是变得衰弱，它就越难跟它周围的各民族的逐渐增加的袭击做斗争。

罗马人曾经轻视这些民族。如果谁不是罗马人也不是希腊人，他们就唤那个人是野蛮人。但是这些挤满了罗马的野蛮人带来了比奴隶制度更先进的新制度，他们的力量也就在这里。

野蛮人的首领们也有奴隶。但是那里的大多数人不是奴隶，而是住在公社里的自由人。在这些公社里，也已经不是所有东西都是共有的了。草地、森林还是共同使用的，土地却是每一个家庭单独耕种的。他们过着父权制大家庭生活，家庭里的权力是属于最年长的——父亲或祖父。

首领和他们的护卫兵们的土地越聚越多。后来从他们形成了地主—封建主阶级，而自由的公社社员却变成了半自由的——农奴。农奴也还有他自己的经济、自

---

[1] 帕提亚是亚洲西部的古国，位于里海东南，我国史书上称安息。

己的马、自己的犁，不过他不仅得为自己干活，还得为自己的主人——封建主、土地所有者干活。

在野蛮人的世界里，这个父权制—公社制度和奴隶制度已经开始向封建制度改变了。

而在罗马，奴隶制度却是根深蒂固的。

蛮族越来越频繁地突破边界，侵入帝国的疆域。罗马的工程师像筑坝似的在北边筑起很高的障壁，可是阻止不了他们。野蛮人从高卢的这一端走到那一端，越过了阿尔卑斯山的隘口，像汹涌的大海泛滥到意大利的田野和道路上。

在乡村里居住变得不安全了。别墅变成了有炮塔和坚固城墙的堡垒。

但是城市也经常受到威胁。从前高卢的城市一步步地扩大，每年用新的庙宇、马戏场、戏院来装饰自己，现在这种时候已经过去了。现在高卢的城市变成了营垒，阴森森的营房在中间高耸着，许多房子挤在它的附近，周围耸立起高墙。

过去了一世纪又一世纪——三世纪，四世纪。

中世纪临近了。这在一切东西——语言上、服装上、人的外貌上——都表现出来。

拉丁语里出现了一个奇怪的新词：布尔古斯[1]。这是日耳曼词，它的意思是"城堡"。罗马人蓄起胡子来，穿上了野蛮人的衣服。从前这会引起大家的非难，罗马人曾经夸耀自己的宽外袍：只有他，伟大城市的公民才有权穿它。现在无论谁看见罗马人穿了有长袖子的衣服、衬衫和背心，都不觉得奇怪了。连皮大衣都开始风行了，尤其是在北方的城市里。

野蛮人的皮大衣代替了罗马的宽外袍！这对罗马人来说不是好兆头。

---

[1] "布尔古斯"是音译，俄文是 бургус，相当于德文的 burg，英文也作 burg，都是城堡的意思。

人咒骂科学

罗马帝国越来越黑暗了。

一群群贪得无厌的官吏到处掠夺人民。不仅是皇帝，每一个当权的人都认为自己是国王和神明。

有些人从晚上欢宴到早晨，为了重新吃喝，就再吃些催吐剂，可是跟这同时，另外一些人却正在饿死。挨饿的人比吃饱的人多好多倍，瘦的人比胖的人多得多。

在乡村里，佃户们在捐税、佃租和徭役的重压下精疲力尽。许多人抛弃了自己的茅屋，逃到异乡去。那个时期的作家萨尔维安说，这些穷苦人"不能在罗马人那里忍受野蛮的暴虐，就到野蛮人那里去寻找罗马的仁慈"。因为在野蛮人那里，不用捐税来把人压得喘不过气来，在那里，连奴隶过的日子还比罗马的许多自由民好。

农民从领地逃走，又被捉住了送回家去。无形的锁链把他们锁在土地上，当逃亡的农民像奴隶一样被锁上脚镣手铐的时候，这条锁链就变成有形的了。他们不是地主的奴隶，但是他们是土地的奴隶。法律就是这样称呼他们的。佃户连同他耕种的那块地一起被出卖，他——自由的人——就和犍牛或犁一样地列在财产清单里。

手工艺被固定在一种手艺上：烧炭

工的儿子必须做烧炭工，织工的儿子应该做织工。

从前人们瞧不起劳动，认为它是奴隶干的事。现在连那些为自己获取面包而劳动的自由民也不再被当作人了。

关于佃户和手艺匠，皇帝在上谕里这样说："让这些被劳动的耻辱玷污了的人们不要妄想有人类的尊严，即使他们有功劳的也罢——他们永远保持他们原来的地位吧。"

劳动的耻辱！

在这两个词里包含了对建立在奴役基础上的这种制度的死刑判决书。这个制度已经在度着它的风烛残年了。

一伙一伙的强盗在大街上徜徉。在奴隶和佃户的眼里，这是英雄和复仇者。

国家的权力削弱了，地主们自己开庭审判，自己保卫自己变成了堡垒的别墅。

罗马建造了国家这座雄伟的建筑物。这座建筑物正在倒塌，到处都是不法和横暴。在西方有一个皇帝，在东方有另外一个。有一个时候，在帝国里一下子有四个

恺撒[1]。

条条道路通罗马。如今出现了许多新的首都。恺撒住在特里尔，住在米兰，住在尼科美底亚[2]，住在君士坦丁堡。

从前罗马为征服世界而夸口，现在野蛮人在分割它的战利品。就正是在无敌的罗马军团所走过的那些路上走着法兰克人、斯拉夫人、哥特人、盎格鲁-撒克逊人，有的占领了高卢，有的渡过海峡到达不列颠，有的迁居到西班牙。

罗马垂危了。

从东方袭来了大群野蛮的匈人。大火在世界的上空燃烧着，乌云给鲜血染红了。

从前，神保卫每一道门槛，每一只炉灶，现在它们在哪里呢？为什么它们听不见祈祷呢？

人们向别国的神——向伊西斯[3]，向阿斯塔尔特[4]——呼吁。罗马的皇帝们为波斯的神密斯拉[5]建造庙宇。人们寄希望于奇迹、魔法和巫术。

世界又重新笼罩上迷信和偏见的云雾。

可怕的时刻来临了，人失望地回顾自己，他开始感觉到自己是渺小的、无助的。

---

[1] 恺撒原是古罗马统帅和政治家，公元前46年建立独裁统治，后来罗马和西方帝王习用"恺撒"作为头衔。罗马到公元三世纪末四世纪初曾把帝国划成四个部分，由四个统治者治理。四世纪末，帝国分成东西两部。西罗马帝国首都仍在罗马，东罗马帝国首都在拜占庭（君士坦丁堡）。

[2] 尼科美底亚是古城名，在小亚细亚北部。

[3] 伊西斯是埃及的月亮女神，埃及神话里是植物神奥西里斯的妻子。

[4] 阿斯塔尔特是腓尼基的女神，原是恋爱和丰产的神，希腊罗马神话里称作月神。

[5] 密斯拉是波斯的太阳神、光神。

他想，我所了解的这个科学难道帮助过我吗？当我在这里、在地上、在困境和贫困中死去的时候，对于我，地球是平的或是圆的，岂不是一样吗？

当我被人用锁链锁着的时候，天球是怎样构造的——恒星是固定地附着在它上面，还是天体是自由自在地在空间飞驰——关我什么事呢？

知识没有把我变成幸福的和自由的。

而且我难道会有知道真理的一天吗？我越努力去追求它，它离我越是远。

人咒骂曾经寄予多少希望的科学。

到哪里去求救呢？

许多人在等待救世主——奴隶和穷人的朋友，受压迫的人们的保护者——来临。

这个信仰产生于小小的犹太，那里从古以来就耐心地等待着它的救世主——弥赛亚[1]。

在多山的加利利，渔夫和农夫、奴隶和穷人争相传告关于救世主已经到来的

[1] 弥赛亚是犹太人期望中的复国救主，基督教也把它作为救世主，耶稣的称呼。

消息，说他在十字架上赎了全世界的
罪孽。

新的宗教的小溪一世纪比一世纪变
得更深更宽。它吸收了成十条支流，变
成一条滔滔的大河。

罗马的官吏和当权的人曾经想阻止
这条急流，它似乎威胁着要冲走国家的基
石。但是每一道障碍物都迫使新的宗教
更加广泛地在各城市和各国扩展开去。

所有试过的那些手段都拿出来施用
了：把基督教徒送给狮子去撕成粉碎；

放在火堆上焚烧；缝在网里扔到狂怒的公牛脚下。

从早到晚拷打人们，为了迫使他们否认有
基督。向他们说："用皇帝的名字来发誓，你就
可以救你自己的命。"但是连十五岁的少年都不
顾别人折磨他，一再说："我是基督教徒。"

罗马人不明白这种执拗的原因。在他们看来，
好像有什么可怕的疾病包围了成千人的心灵。

当权者中间有一个人向皇帝进言："这种
迷信的瘟疫不仅包围了城市，而且包围了乡
村。但是我仍然认为，还来得及制止和改善这
种情况。"

但是当权者错了：要制止已经是一点儿也
不可能了。

罗马人已经亲自替全世界的宗教扫清了道路。

他们认为统辖了许多种民族的、他们唯一
的帝国，也需要唯一的神。

罗马的灶神和家庭守护神只保护罗马人的

322

住宅。朱庇特[1]太像罗马人了，因此不能叫被征服的民族承认它。

罗马人曾经试着宣布，皇帝本人，或者说得更准确些，他的守护神，是帝国唯一的神。

什么能比这更好呢：天上和人间的权力都归于一个人！

罗马人用这样的致敬词来欢迎每一个新皇帝，他们说："你是恺撒，你是奥古斯

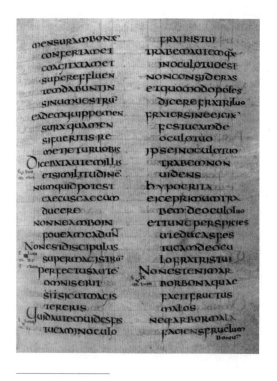

[1] 朱庇特是罗马神话里的主神，相当于希腊神话里的宙斯。

都，你是神！"

人们都应该这样相信。大小官吏得在一定的日子和时间到庙宇里去，给皇帝的雕像上供。

但是这种只由于职务上的义务才去信仰的宗教，不是好的宗教。

皇帝并没有能变成帝国的唯一的神。

这时候罗马人试着想找到另外的出路。他们把外国的神都包括在神的总体之内，波斯的密斯拉，埃及的伊西斯，色雷斯的阿提斯。

他们想把那隔在一种宗教和另外一种宗教之间的墙壁拆掉。他们以为，这样做就会产生出一种新的、所有的人共同信仰的宗教。

但是罗马人团结、混合了各民族，拆掉了那些把各民族分隔开的墙壁的时候，他们把古代的风俗习惯和信仰也打成碎片了。

如今，在古代宗教的碎片上，自然而然地，并不是按照皇帝的命令，产生了人们所没有预期的新宗教。它为所有的人打开了大门。对于它，没有希腊人和犹太人的分别。对于它，每一个人都是人：不论是罗马人还是野蛮人。它吸收了许多种民族的信仰和思想。

阅读福音书的时候，有学问的希腊人想起自己的哲学家们。还是柏拉图就已经提起过居住着正直的人的灵魂的另外一个最好的世界，还是第欧根尼就不分希腊人和野蛮人，把自己称作宇宙的公民。

阅读福音书的时候，有学问的罗马

人想起塞涅卡。塞涅卡也教人用善来报恶。

但是新的宗教最贴近那些从来没听说过柏拉图和塞涅卡的人们的心。在大城市——亚历山大里亚或凯撒利亚[1]——的大街上聚集着一群群的人。这里有手艺匠，有奴隶，有穷人，他们围住一个基督教传教士，出神地听他讲话。

"真可怜，罗马！"基督教徒高声喊道，"真可怜，不正直的罗马，悍妇、毒蛇的朋友！你的末日近了，那时候火将毁灭你，你的宫殿将化作灰烬，

[1] 凯撒利亚是古代巴勒斯坦西部的一个海港。

狼将在卡匹托林[1]的废墟上嗥叫。"

基督教徒愤怒地揭露了那奴役许多民族的不正直的城市。他预言总有一天，天上的裁判者将惩罚这个世界上所有的不正直的人，所有强暴的人。他答应劳动者和受苦的人将为所受的苦难得到褒奖：今天你受苦，明天你将站在神的宝座旁边的圣徒们中间。

亚历山大里亚四乡的工匠们出神地倾听这些话。这些人的眼睛被熔炉的烟熏红了，手上满是烧灼的伤痕，背脊因长期干活而驼起来了。

奴隶们——额上有烙印、肩上有伤痕的奴隶们也出神地听传教士讲话。

这种人还能指望什么呢？

有多少次，他们走投无路，开始跟压迫他们的人做斗争！

在亚历山大里亚，巷战时候烧掉和毁坏的屋宇的废墟还没有长上青草，整个街区都是一堆堆的石头和灰烬。许多宫殿，亚历山大里亚曾经那样自负的博物馆，都已经什么也不剩了。但是这一次起义也被空前残酷地镇压下去了。

活了下来的人怎么办呢？

离全体奴隶、全体受压迫的人起来反对罗马的总起义还远得很。

奴隶们觉得，只剩下一条路，期待奇迹，期待救世主，期待死后的报应。

奴隶主自己也仔细地听着基督教传教士的讲话。

他们越来越经常地问自己：值不值得迫害这些盲目的信仰者？让他们期待他们的弥赛亚去吧，只要他们不拿起枪杆子就成了。

---

[1] 卡匹托林是罗马的一个山冈，上面建有朱庇特的神庙。

岁月不停地逝去。新的信仰征服了成百万的人。

它怎样扩大了他们的眼界啊！

还在不久以前，手艺匠想的只是明天的一块面包，而奴隶只是幻想怎样能够逃回故乡去。

如今，全人类的命运、全世界的命运都激动着他们的心。

公元三世纪已近末尾了。连罗马的皇帝都开始明白，他们没有跟新的宗教做斗争的必要。这正是全世界的帝国所缺少的全世界的宗教，这正是教那些受压迫者有耐性和温顺的宗教。

经过受迫害的几世纪之后，基督教终于获得了胜利：罗马的皇帝君士坦丁[1]做了基督教徒。他想：基督比那些异教的

[1] 君士坦丁一世（约275—337），古罗马皇帝，324年统一帝国全境，330年迁都拜占庭，把拜占庭改名君士坦丁堡。313年，他承认了基督教的合法地位，此后从政治组织和思想上全面控制基督教。

神强有力，为了拯救帝国，得把它委托给基督去保护。

就像溺水的人抓住船桅的碎片一样，罗马抓住了十字架。在十字架上给奴隶加上不名誉的死罪，于是死刑的工具变成了帝国的旗帜。

但是这也不能防止罗马的灭亡。十字架遗留下来了，罗马主教也保留下来而且提高了自己的权力，但是罗马帝国终于灭亡了[1]……

奴隶制度已经衰老了，它成了致死的疾病，帝国就将因此而死亡。

但是基督教并不能够也不想把罗马的这个病治好，它只能延长弥留时期的苦痛。

[1] 西罗马帝国于 476 年灭亡。东罗马帝国（也叫拜占庭帝国）一直存在到 1453 年。

主教在自己布道的讲话里，称奴隶是基督徒的弟兄们，但是他们一点也不着急把自己的奴隶释放掉。答应奴隶升天国，而地上的王国仍旧保留给皇帝和他们的官吏。

而这些官吏比他们那些异教的先辈们还要苛刻，他们追捕逃亡的奴隶和佃农，镇压蛮族的起义……

罗马在给自己掘坟墓。

恐怖的时刻来临了，蛮族包围了罗马。

在罗马发生了饥馑，饥馑杀死那些没有触到剑的人。疯狂侵袭了饥饿的人们，他们互相撕成碎块，母亲也不再怜悯孩子。黄金失掉了价值：用黄金买不来性命。奴隶们变成了城市的主人，他们给围城的人打开了城门。

有多少世纪，作为奴隶主的罗马人没有把蛮族当人看待啊！"蛮族人"和"奴隶"——这对于他们是一样的。

他们终于等到了这一天，蛮族人和奴隶团结了起来：蛮族人从外面袭击罗马帝国，奴隶在里面起义。

罗马人镇压奴隶起义已经不止一次了。

但是现在，他们不得不打交道的，不是起义，而是伟大的革命，它席卷了整个帝国。

蛮族人有许多地方不如罗马人，但是他们在主要的一点上是先进的：在他们那里，农民不是奴隶，虽然他也不得不用他的劳动来养活首领和护卫兵们。在他们那里，那些用自己的双手获取面包的人比较容易生活。因为这个缘故，罗马的佃农和城市四乡的穷人才投奔他们，投奔蛮族人去。

罗马在奴隶制度中找到自己的力量，而奴隶制度又把它灭亡了。

哥特人掠夺罗马。在哥特人之后，又来了别的日耳曼人——汪达尔人。他们在城里大街上横行了两个星期，巨大的庙宇和剧院都变成了废墟，雕像被扔到马路上，奥维德和卢克莱修著作的纸卷被送进火里烧掉。

汪达尔人懂得什么诗，懂得什么科学呢？他们连那些字都还不认得。他们不久以前还是些披兽皮的没有开化的人。

汪达尔——罗马的毁坏者——的名字将被人们记忆几千年。它有可耻的名声，永垂不朽，却比被忘却更坏。

条条大路通向罗马的福鲁姆。

如今罗马的福鲁姆像乡村小路一样长满了青草。猪在从前曾经立过镀金的路程标柱的地方——企图征服世界的城市的中心——吃草。